不規則

Random Signal Processing

和田　成夫 著

信号処理

📖 POD版

森北出版

まえがき

　信号処理は 1960 年代頃からディジタル化が始まり，現在では数値処理を核とする科学技術としてさまざまな分野で活用されている．当初は音声・通信・画像分野を中心に，フィルタと FFT によるスペクトル解析を軸に発展したが，適応処理やウェーブレット変換等の新しい手法が次々と開発され，種々の電子計測器や情報通信機器の実用化へと進展したことで，広く社会に貢献するようになり，いまや工学全般にわたる主要な基盤技術として不可欠な役割を果たしている．

　信号処理を基礎から学ぶ際，それを支える独自の理論が数式や関数で表されるため，微分・積分，線形代数，確率・統計の習得は必須である．また，発展的な信号処理法の開発には，システム制御，推定論，関数解析，さらには多目的最適化や多変量解析等も関連が深い．また，周波数概念にもとづく狭義の信号処理では限界が生じ，突破口としてさまざまな数学を道具として応用し，新しいパラダイムを築き始めたことがある．なかでも，不規則信号処理は代表的な潮流である．発展的な信号処理を志向するとき，広範囲の数学書を参照し前提知識として蓄積しておくことが理想的である．しかし，この準備は多くの理工系学生にとって多大な労苦を要する．

　本書は，このギャップを少しでも埋める入門書としての役割を期している．不規則信号処理を志す学生が，信号処理の全体像を初歩数学にもとづき理解し，基礎を体系的に習得することが目標である．定番のフーリエ解析は既習とみなして最小限の記述にとどめ，プログラミングと相性の良い線形代数と確率・統計に軸足を置いて記述している．また，信号を音声，画像といった特定の適用分野に限定せず，決定論的信号から不規則信号までを範囲とし，信号処理全般を網羅している．数学書とは異なり，関数を明確に信号波形に対応させ，変数を時間，周波数や空間位置変数とするなど，信号処理分野とのつながりが明らかになるように心掛けた．応用上影響の少ない証明は略し，信号にまつわる例示を用いることで，平易性を目指した．本書で学習した後には，信号処理に関係する数理専門書がより身近に感じられるだろう．

　信号処理工学も他の分野と同様に，理論的な洞察を深め，実学へとつなげて実用技術として結実させることが重要である．実際，数学を用いた理論上の信号処理の枠組みの内でいろいろな方式が考案され，その方法論が応用へ新たな展開をもたらす．信号処理システムでは，いったん方式が設計されると，電子回路によるアナログ処理やプロセッサによるディジタル処理のようにハードウェアを介して実現される．実装段

階では，回路設計やソフトウェア開発の知識や能力が活用される．

　本書の内容は，実装の前段階に位置する．標準的な信号処理の方法を理解し，信号処理システムを開発するのに必要な数学を習得することを目指す．実信号を対象にプログラミングによるコンピュータシミュレーションを実施し，有効性を検証する過程では，新知見や数理法則に出会ったり，新しい解法を着想したり，さまざまな改良や工夫の必要性に駆り立てられることがあろう．その際，本書に戻ることで得られるものがあるだろう．

　本書を手にすることで読者の信号処理に対する興味が芽生え，また，枠組みを拡げながら着実に発展し続ける信号処理を理解する，新たな一歩となれば幸いである．

　おわりに，本書の出版にあたり種々お世話になった森北出版株式会社社長森北博巳氏をはじめ，富井晃氏，丸山隆一氏に感謝の意を表したい．

2015 年 4 月 　　　　　　　　　　　　　　　　　　　　　　　　　　著　者

目 次

第 **0** 章

はじめに

本書の目的は，不規則信号を含んだ信号処理の全体像を体系的に解説することである．本章では，その導入として，決定論的信号処理と不規則信号処理の違いをおおまかに説明し，各章の構成について述べる．

0.1 不規則信号処理とは

信号とは，観測や測定によって得られる波形や数値列のほか，映像や画像など，情報の担い手となる一連のデータのことをいう．信号処理とは，信号を加工することであり，処理によって目的の情報を得ることができる．表 0.1 に信号処理の応用例を示す．この表からもわかるように，信号処理の応用範囲は広く，また，各信号は出現場面や役割が違うため，背景や課題も異なる．信号処理は，これら広義の信号を関数として抽象化した形（狭義の信号）で表現し，それを数学的に処理する．関数として表した後は，数学を新たな問題解決の道具として使用する．信号処理の諸課題は，数学

表 0.1　信号処理の応用例

応用分野	目的・用途	方法	広義の信号
通信	干渉除去	適応フィルタ	伝送波形
医用	データ圧縮	画像符号化	医療画像
教育・福祉	音声合成	モデリング	音声
映像ディスプレイ	高解像度表示	高速解像度変換	映像
音楽	音高推定	スペクトル解析	楽音
社会・経済	予測	線形予測	時系列
環境エネルギー	電力量・品質制御	時間 – 周波数解析	観測波形
知能システム・インターネット	データ解析・検索	多変量解析・機械学習	数値データ
セキュリティ	認証	不変特徴抽出	生体情報
音響	音源分離	独立成分分析	観測波形
ロボット・スマート端末	音声理解ヒューマンインターフェース	音声認識	音声

的に解を求めることに帰着されることになる.

　信号はシステムに応じた個々の物理形態をとっているが，その一方で，関数を用いて $f(t)$ のように抽象的に表記することができる．通常，アナログ信号は $f(t), t \in R$（R は実数の集合），**サンプル値信号**は $f(nT), n \in Z$（Z は整数の集合），ディジタル信号は $f(n), n \in Z$ のように時間や位置を表す変数 t, n を用いて表記する†.

　信号を時間関数 $f(t)$ と表記するとき，時刻が定まると $f(t)$ の値が決まる信号を**決定論的信号**（あるいは**確定的信号**）という．たとえば，**三角関数や指数関数**など時間の数式関数として信号が記述されていれば，すべての時間で波形形状が一つに定まる．したがって，フーリエ級数展開やフーリエ変換が可能であるような，時間の関数として表される信号は決定論的信号である．決定論的信号では，ある信号観測器によって同一情報源が発する信号を複数回観測したとしても，図 0.1(a) のように厳密な意味ですべて同一の波形からなる**標本信号（サンプル信号）**を得る．そのため，単一の信号が解析や処理の対象になる．

　一方，時刻 t での $f(t)$ の値が確率的に決まる信号を**不規則信号**（あるいは**確率的信号**）という．不規則信号では信号に関係する変数（確率変数）が確率によって支配されていて，変動要素がさまざまな形で含まれることから観測時に信号波形は異なる．たとえば，図 0.1(b) に示すように，実際に同一情報源の信号を何度か観測した場合，毎回の観測時に混入するわずかな雑音の影響や測定の誤差，あるいは情報源自体の揺らぎのために，異なる信号値が得られる．そのため，不規則信号は標本信号の集まりとして表せる．

　なお，後章で説明するように**確定系**と**確率系**では，独立性，直交性などの概念が異なることにも注意を要する.

　不規則信号処理（あるいは**統計的信号処理**）とは，不規則信号を入力とし，信号のもつ不規則性を考慮に入れて行う信号処理のことをいう．図 0.2(a) のように標本信号またはその確率・統計的な性質を用いて処理系 S_x を構築し，未知信号を処理する．標本信号の確率・統計的性質を用いて得られる処理系が，不規則信号処理システムである.

　不規則信号処理が有用な場合として，以下の例がある.

- 無線通信の通信品質を向上させるために，雑音下での受信信号（電磁波）を用いて雑音を抑圧する信号処理
- 話者に適合した音声モデルを得るために，学習用音声サンプルを用いて音声を合成する信号処理

---

† 厳密には $f(t)$ は連続時間信号，$f(n)$ は離散時間信号であるが，本書ではアナログ信号およびディジタル信号とよぶ.

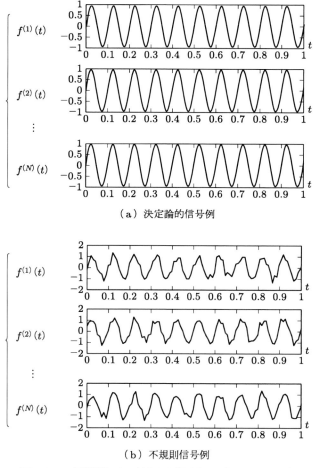

（a）決定論的信号例

（b）不規則信号例

図 0.1　N 回観測により得られた標本信号（サンプル信号）

- 膨大なデータを削減するために，データサンプルを用いてデータ量を圧縮する信号処理
- 画像識別を行うために，教師用画像の特徴量を用いてパターン画像を認識する信号処理
- 劣化画像を復元するために，学習用雑音画像を用いて画像を復元する信号処理
- 時系列の未来値を得るために，長区間の時系列を用いて予測する信号処理

　一方，**決定論的信号処理**（あるいは**確定的信号処理**）では，入力信号には依存しない定義式や仕様をもとに図 0.2(b) の処理系 S を構築することになる．各種変換（フーリエ変換やウェーブレット変換など）や，畳み込み演算で表されるフィルタリング（LPF

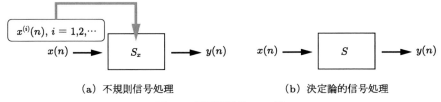

(a) 不規則信号処理　　　　　　　　　　（b）決定論的信号処理

図 0.2　信号処理系のモデル

など）が代表的である．なお，不規則信号を決定論的に処理する場合もあるが，本書では不規則信号処理の範疇には含めていない．

0.2　本書の構成

　本書の構成と各章の関係を図 0.3 に示す．第 1 章では，標準的なフーリエ解析にもとづく信号処理と，それらを一般化したベクトルと行列にもとづく信号処理について説明する．フーリエ解析は信号処理全般の基礎として重要である．第 2 章では，信号空間を扱うための信号理論の基礎事項を示す．これらは信号を幾何的に捉え，抽象化して理解するために必要な章である．第 3 章は，以降の章の基礎となる座標系にもとづく信号表現について説明する．第 4 章および第 5 章は，決定論的信号処理が主体であり，最小 2 乗法にもとづく信号近似および分析合成システムについての説明である．第 6 章は，不規則信号の確率・統計に関する基礎事項を示す．第 7 章では，自己相関関数にもとづく不規則信号の周波数解析について説明する．第 8 章は，特徴量抽出や信号分離に関係の深い統計的信号解析を扱う．線形代数と確率・統計が融合した信号

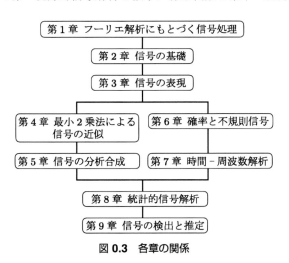

図 0.3　各章の関係

処理といえるだろう．第 9 章では，パターン認識にかかわる処理や信号検出，確率・統計的性質を用いた雑音除去などの，基礎的な不規則信号処理について説明する．

第1章

フーリエ解析にもとづく信号処理

> 本章では，フーリエ解析にもとづく信号処理について記述する．フーリエ解析は信号のもつ周波数に焦点を当てた解析法であり，信号処理全般を支える重要な手法である．アナログ信号およびディジタル信号に対して種々のフーリエ解析にもとづく信号処理を示す．また，ベクトルと行列を用いたフーリエ解析の一般化について説明する．

1.1 アナログ信号とフーリエ解析

本節では $f(t), t \in R$（R は実数の集合）で表される実数値をもつアナログ信号を対象にしたフーリエ解析について説明する．フーリエ解析についてはある程度既習であることを前提にする．

1.1.1 フーリエ級数展開

アナログ信号は，周期をもつか否かによって分類することができる．フーリエ級数展開は周期信号を対象にし，三角関数系をもとに信号の**周波数解析**を行う．

アナログ信号 $f(t)$ が次式を満たすとき，周期信号という．

$$f(t) = f(t + T) \tag{1.1}$$

式 (1.1) を満たす最小の T を（**基本**）**周期**という．周期は波形の繰り返しの区間であるが，次式で表される周期の逆数を（**基本**）**周波数**という．

$$f = \frac{1}{T} \tag{1.2}$$

また，角周波数は次式で表される．

$$\omega = 2\pi f = \frac{2\pi}{T} \tag{1.3}$$

（1） 実フーリエ級数展開

周期 T の実数値をとる周期信号は，基本角周波数を $\omega_0 = \dfrac{2\pi}{T}$ とする三角関数系 $\left\{\dfrac{1}{2}(\text{定数}), \cos k\omega_0 t, \sin k\omega_0 t\right\}, k = 1, 2, \cdots$ を用いて次式のように級数展開として表される．式 (1.4) を**実フーリエ級数展開**（RFS）という．

$$f(t) = \frac{1}{2}a_0 + \sum_{k=1}^{+\infty}(a_k \cos k\omega_0 t + b_k \sin k\omega_0 t) \tag{1.4}$$

$$\begin{cases} a_k = \dfrac{2}{T}\displaystyle\int_{-T/2}^{T/2} f(t)\cos k\omega_0 t\, dt, \quad k = 0, 1, 2, \cdots \tag{1.5} \\[3mm] b_k = \dfrac{2}{T}\displaystyle\int_{-T/2}^{T/2} f(t)\sin k\omega_0 t\, dt, \quad k = 1, 2, 3, \cdots \tag{1.6} \end{cases}$$

展開係数 $\{a_k, b_k\}$ は，**実フーリエ係数**（RFC）といわれているとおり実数値をとる．係数は成分の大きさを表すので，周期信号を実フーリエ級数に展開すると，直流，$\cos$ 成分と $\sin$ 成分がそれぞれどのくらい含まれているかがわかる．

例題 1.1
次式の周期信号を実フーリエ級数展開しなさい．

$$f(t) = \begin{cases} 1, & \dfrac{\pi}{2} \leq |t| \leq \pi \\[2mm] 0, & |t| < \dfrac{\pi}{2} \end{cases} \tag{1.7}$$

$$f(t) = f(t + 2\pi) \tag{1.8}$$

［解］ 対象波形は偶関数なので，奇関数成分である $\sin k\omega_0 t$ の係数は，$b_k = 0, k = 1, 2, \cdots$ となる．式 (1.8) より $T = 2\pi$ [s] なので，式 (1.3) より $\omega_0 = 2\pi/T = 1$ [rad/s] となる．
式 (1.5) より $k = 0$ に対しては

$$a_0 = \frac{2}{T}\int_{-T/2}^{T/2} f(t)\,dt = 2 \times \frac{2}{2\pi}\int_{\pi/2}^{\pi} 1\,dt = \frac{2}{\pi}|t|_{\pi/2}^{\pi} = 1 \tag{1.9}$$

となり，$k = 1, 2, \cdots$ に対しては

$$a_k = \frac{2}{T}\int_{-T/2}^{T/2} f(t)\cos k\omega_0 t\,dt = 2 \times \frac{2}{2\pi}\int_{\pi/2}^{\pi}\cos kt\,dt = \frac{2}{\pi}\left[\frac{\sin kt}{k}\right]_{\pi/2}^{\pi}$$

$$= -\frac{2}{k\pi} \sin k\frac{\pi}{2} = \begin{cases} -\dfrac{2}{k\pi}, & k = 1, 5, \cdots \\ 0, & k = 2, 4, 6, \cdots \\ \dfrac{2}{k\pi}, & k = 3, 7, \cdots \end{cases} \tag{1.10}$$

となる．したがって，実フーリエ級数展開は

$$f(t) = \frac{1}{2} - \frac{2}{\pi}\cos t + \frac{2}{3\pi}\cos 3t - \frac{2}{5\pi}\cos 5t + \cdots$$

$$= \frac{1}{2} - \frac{2}{\pi}\left(\cos t - \frac{1}{3}\cos 3t + \frac{1}{5}\cos 5t + \cdots\right) \tag{1.11}$$

となる．　　　　　　　　　　　　　　　　　　　　　　　　　　　■

（2）　複素フーリエ級数展開

式 (1.4)〜(1.6) にオイラーの公式

$$e^{j\theta} = \cos\theta + j\sin\theta, \quad \theta = k\omega_0 t \tag{1.12}$$

を適用すると，次式で表される周期信号に対する**複素フーリエ級数展開**（CFS）表現を得る．

$$f(t) = \sum_{k=-\infty}^{+\infty} c_k e^{jk\omega_0 t} \tag{1.13}$$

$$c_k = \frac{1}{T}\int_{-T/2}^{T/2} f(t)e^{-jk\omega_0 t}dt, \quad k = 0, \pm 1, \pm 2, \cdots \tag{1.14}$$

展開係数 $\{c_k\}$ は，**複素フーリエ係数**（CFC）といわれており，複素数値をとる．複素フーリエ係数は**周波数スペクトル**とよばれることもある．式 (1.14) の実部と虚部を用いて，式 (1.15) のように絶対値（大きさ）と偏角で表すとき，式 (1.16) を**振幅スペクトル**，式 (1.17) を**位相スペクトル**という．

$$c_k = |c_k|e^{j\phi_k} \tag{1.15}$$

$$|c_k| = \sqrt{(\text{Re}[c_k])^2 + (\text{Im}[c_k])^2} \tag{1.16}$$

$$\angle c_k = \phi_k = \tan^{-1}\left(\frac{\text{Im}[c_k]}{\text{Re}[c_k]}\right) \tag{1.17}$$

例題 1.2

次式の周期信号の周波数スペクトル（振幅スペクトル，位相スペクトル）を求めなさい.

$$f(t) = \begin{cases} 1, & 0 \leq t \leq \dfrac{\pi}{2} \\ 0, & -\pi < t < 0, \dfrac{\pi}{2} < t < \pi \end{cases} \tag{1.18}$$

$$f(t) = f(t + 2\pi) \tag{1.19}$$

［**解**］ $T = 2\pi$ [s] なので，$\omega_0 = 2\pi/T = 1$ [rad/s] となる.

したがって，複素フーリエ係数は，

$$c_0 = \frac{1}{T}\int_{-T/2}^{T/2} f(t)dt = \frac{1}{2\pi}\int_0^{\pi/2} 1dt = \frac{1}{4} \tag{1.20}$$

$$c_k = \frac{1}{T}\int_{-T/2}^{T/2} f(t)e^{-jk\omega_0 t}dt = \frac{1}{2\pi}\int_0^{\pi/2} e^{-jkt}dt = \frac{1}{-j2\pi k}[e^{-jkt}]_0^{\pi/2}$$

$$= \frac{1}{-j2\pi k}\left(e^{-jk\frac{\pi}{2}} - 1\right) = \frac{1}{2\pi k}\sin k\frac{\pi}{2} + j\frac{1}{2\pi k}\left(\cos k\frac{\pi}{2} - 1\right), \quad k \neq 0 \tag{1.21}$$

となる.

振幅スペクトルと位相スペクトルは

$$|c_0| = \frac{1}{4} \tag{1.22}$$

$$|c_k| = \sqrt{\left(\frac{1}{2\pi k}\sin k\frac{\pi}{2}\right)^2 + \left\{\frac{1}{2\pi k}\left(\cos k\frac{\pi}{2} - 1\right)\right\}^2} = \left|\frac{1}{\pi k}\cos k\frac{\pi}{4}\right|, \quad k \neq 0 \tag{1.23}$$

$$\angle c_k = \varphi_k = \begin{cases} 0, & k = 0 \\ \tan^{-1}\dfrac{\cos k\frac{\pi}{2} - 1}{\sin k\frac{\pi}{2}}, & k \neq 0 \end{cases} \tag{1.24}$$

となる. ∎

1.1.2 フーリエ変換

本項では，周期をもたない一般的な**アナログ信号**（非周期信号）に対するフーリエ解析法について復習しておこう. 実数値をとるアナログ信号 $f(t)$ の**フーリエ変換**（FT）は，次式で定義されている.

$$F(\omega) = \int_{-\infty}^{+\infty} f(t)e^{-j\omega t}dt \tag{1.25}$$

また，式 (1.25) と対になる逆フーリエ変換（IFT）は次式で表される．

$$f(t) = \frac{1}{2\pi} \int_{-\infty}^{+\infty} F(\omega)e^{j\omega t}d\omega \tag{1.26}$$

一般にフーリエ変換は複素関数になるが，周波数スペクトルは次式で表される．

$$F(\omega) = |F(\omega)|e^{j\theta(\omega)} \tag{1.27}$$

また，振幅スペクトルと位相スペクトルは次式で表される．

$$|F(\omega)| = \sqrt{(\mathrm{Re}[F(\omega)])^2 + (\mathrm{Im}[F(\omega)])^2} \tag{1.28}$$

$$\angle F(\omega) = \theta(\omega) = \tan^{-1} \frac{\mathrm{Im}[F(\omega)]}{\mathrm{Re}[F(\omega)]} \tag{1.29}$$

周波数スペクトルを求めると，各周波数における信号の振幅と位相の分布を知ることができる．

例題 1.3
次式のアナログ信号の周波数スペクトル（振幅スペクトル，位相スペクトル）を求めなさい．

$$f(t) = \begin{cases} e^{-t} - 1, & t \geq 0 \\ 0, & t < 0 \end{cases} \tag{1.30}$$

［解］ 式 (1.25) より

$$
\begin{aligned}
F(\omega) &= \int_{-\infty}^{+\infty} f(t)e^{-j\omega t}dt = \int_{-\infty}^{+\infty} (e^{-t} - 1)e^{-j\omega t}dt \\
&= \int_{0}^{+\infty} e^{-(1+j\omega)t}dt - \int_{0}^{+\infty} e^{-j\omega t}dt \\
&= \frac{1}{-(1+j\omega)}\left[e^{-(1+j\omega)t} \right]_{0}^{+\infty} - \frac{1}{-j\omega}\left[e^{-j\omega t} \right]_{0}^{+\infty} \\
&= \frac{1}{1+j\omega} - \frac{1}{j\omega} = \frac{1}{\omega^2 - j\omega}
\end{aligned} \tag{1.31}
$$

となる．振幅スペクトルと位相スペクトルは，

$$|F(\omega)| = \left| \frac{1}{\omega^2 - j\omega} \right| = \frac{1}{\sqrt{\omega^4 + \omega^2}} \tag{1.32}$$

$$\angle F(\omega) = \theta(\omega) = \tan^{-1} \frac{1}{\omega} \tag{1.33}$$

となる.

1.2 ディジタル信号とフーリエ解析

本節では,ディジタル信号 $f(n), n \in Z$(Z は整数の集合),またはサンプル値信号 $f(nT), n \in Z$ を対象としたフーリエ解析法について説明する.

1.2.1 離散時間フーリエ変換

任意の信号長の**ディジタル信号** $f(n), n \in Z$ に対するフーリエ変換は,**離散時間フーリエ変換**(DTFT)といわれ,次式で定義されている.

$$F(\Omega) = \sum_{n=-\infty}^{+\infty} f(n)e^{-j\Omega n} \tag{1.34}$$

Ω はディジタル信号の角周波数を表すが,式 (1.34) は式 (1.25) のアナログ信号のフーリエ変換を離散系の場合に変更したものである.**逆離散時間フーリエ変換**(IDTFT)は次式の積分で表される.

$$f(n) = \frac{1}{2\pi} \int_{-\pi}^{\pi} F(\Omega)e^{j\Omega n} d\Omega \tag{1.35}$$

DTFT に対しても同様に,周波数スペクトル,振幅スペクトルおよび位相スペクトルは以下のように表される.

$$F(\Omega) = |F(\Omega)|e^{j\theta(\Omega)} \tag{1.36}$$

$$|F(\Omega)| = \sqrt{(\mathrm{Re}[F(\Omega)])^2 + (\mathrm{Im}[F(\Omega)])^2} \tag{1.37}$$

$$\angle F(\Omega) = \theta(\Omega) = \tan^{-1} \frac{\mathrm{Im}[F(\Omega)]}{\mathrm{Re}[F(\Omega)]} \tag{1.38}$$

例題 1.4

次式のディジタル信号の離散時間フーリエ変換を求めなさい.

$$f(n) = \begin{cases} 1, & 0 \leq n \leq N \\ 0, & n < 0 \end{cases} \tag{1.39}$$

［**解**］　式 (1.34) より

$$
\begin{aligned}
F(\Omega) &= \sum_{n=-\infty}^{+\infty} f(n)e^{-j\Omega n} = \sum_{n=0}^{N} e^{-j\Omega n} \\
&= 1 + e^{-j\Omega} + \cdots + e^{-j\Omega(N-1)} + e^{-j\Omega N} \\
&= \frac{1 - e^{-j\Omega(N+1)}}{1 - e^{-j\Omega}} = \frac{e^{-j\frac{\Omega}{2}(N+1)}\left\{e^{j\frac{\Omega}{2}(N+1)} - e^{-j\frac{\Omega}{2}(N+1)}\right\}}{e^{-j\frac{\Omega}{2}}\left(e^{j\frac{\Omega}{2}} - e^{-j\frac{\Omega}{2}}\right)} \\
&= \frac{\sin\Omega\left(\dfrac{N+1}{2}\right)}{\sin\dfrac{\Omega}{2}} e^{-j\frac{\Omega}{2}N}
\end{aligned}
\tag{1.40}
$$

となる. ただし, $(1-x)(1+x+x^2+\cdots+x^n) = 1 - x^{n+1}$ の関係式および式 (1.12) を用いている.

1.2.2　離散フーリエ変換

次に, 逆変換も積分を用いないで計算できる実用的な離散フーリエ変換の定義式を示す.

有限長 N のディジタル信号 (または周期 N のディジタル信号の 1 周期) $f(n), n = 0, 1, \cdots, N-1$ の**離散フーリエ変換** (DFT) は

$$F[k] = \sum_{n=0}^{N-1} f(n)e^{-j\frac{2\pi kn}{N}}, \quad k = 0, 1, \cdots, N-1 \tag{1.41}$$

と定義されている. また, **逆離散フーリエ変換** (IDFT) は

$$f(n) = \frac{1}{N}\sum_{k=0}^{N-1} F[k]e^{j\frac{2\pi kn}{N}}, \quad n = 0, 1, \cdots, N-1 \tag{1.42}$$

と表される.

DFT の周波数スペクトル, 振幅スペクトルおよび位相スペクトルは以下のように表

される.

$$F[k] = |F[k]|e^{j\theta[k]} \tag{1.43}$$

$$|F[k]| = \sqrt{(\mathrm{Re}[F[k]])^2 + (\mathrm{Im}[F[k]])^2} \tag{1.44}$$

$$\angle F[k] = \theta[k] = \tan^{-1}\frac{\mathrm{Im}[F[k]]}{\mathrm{Re}[F[k]]} \tag{1.45}$$

DFT および IDFT を高速に計算するためのアルゴリズムとして，**高速フーリエ変換（FFT）**と**逆高速フーリエ変換（IFFT）**が用いられる．誤差なく DFT を求めるためには，2 のべき乗 2^{α} の長さの信号に適用する.

なお，DFT は，次式のように DTFT の角周波数軸上で 2π を N 等分した標本点をとることで得られることに注意をする.

$$F[k] = F(\Omega)|_{\Omega = \frac{2\pi k}{N}} \tag{1.46}$$

例題 1.5

次式の有限長 $N = 4$ のディジタル信号の周波数スペクトル（振幅スペクトル，位相スペクトル）を求めなさい.

$$\begin{bmatrix} f(0) & f(1) & f(2) & f(3) \end{bmatrix}^T = \begin{bmatrix} -1 & 1 & -1 & 2 \end{bmatrix}^T \tag{1.47}$$

［解］ 式 (1.41) より

$$
\begin{aligned}
F[k] &= f(0)e^{-j\frac{2\pi k}{4}0} + f(1)e^{-j\frac{2\pi k}{4}1} + f(2)e^{-j\frac{2\pi k}{4}2} + f(3)e^{-j\frac{2\pi k}{4}3} \\
&= -1 + e^{-j\frac{\pi}{2}k} - e^{-j\pi k} + 2e^{-j\frac{3\pi}{2}k} \\
&= -\{1 + (-1)^k\} + 3\cos\frac{\pi}{2}k + j\sin\frac{\pi}{2}k = \begin{cases} 1, & k = 0 \\ j, & k = 1 \\ -5, & k = 2 \\ -j, & k = 3 \end{cases}
\end{aligned} \tag{1.48}
$$

となるので，

$$\begin{bmatrix} |F[0]| & |F[1]| & |F[2]| & |F[3]| \end{bmatrix}^T = \begin{bmatrix} 1 & 1 & 5 & 1 \end{bmatrix}^T \tag{1.49}$$

$$\begin{bmatrix} \theta[0] & \theta[1] & \theta[2] & \theta[3] \end{bmatrix}^T = \begin{bmatrix} 0 & \dfrac{\pi}{2} & \pi & \dfrac{3}{2}\pi & \left(-\dfrac{\pi}{2}\right) \end{bmatrix}^T \tag{1.50}$$

となる.

以上より，信号の形態に応じた4種類のフーリエ解析をまとめると図1.1のようになる．これらはすべて，**時間領域**の各信号を，**周波数領域**のフーリエ変換，あるいはフーリエ級数へと変換する手法となっている．

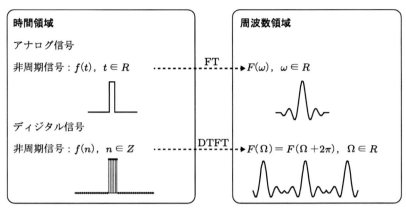

（a）無限長の信号の時間領域と周波数領域表現

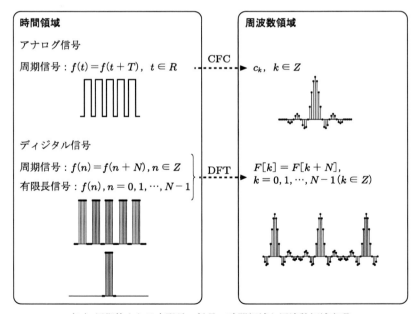

（b）周期的または有限長の信号の時間領域と周波数領域表現

図 **1.1**　4種類のフーリエ解析法

1.3 フィルタ

フーリエ解析による信号の周波数解析は極めて重要であり，成分を解析することによって，スペクトル形状，帯域幅，ピーク周波数などさまざまな情報が得られる．本節では，フーリエ解析にもとづく信号処理のもう一つの柱である，周波数成分を選別するフィルタについて述べる．なかでも，畳み込み演算により入力信号を加工して出力信号へ変換する，線形時不変フィルタについて説明する．

1.3.1 フィルタと信号処理

図 1.2(a) は，波形を処理するフィルタの概念図である．初期の電子回路におけるアナログフィルタでは，抽象的な電圧波形の周波数成分を分別する役割があった．処理系としてのフィルタは，回路素子の接続関係が回路図として描かれていて，電子回路として実現される．回路素子の特性やアナログフィルタの動作は，キルヒホッフやオームの法則で理論的に記述できる．仕様が与えられると，畳み込み積分やラプラス変換を用いた伝達関数を介して，目的に適した素子値が求められる．

信号処理の有用性を高める転機となったのは，アナログフィルタのディジタル化で

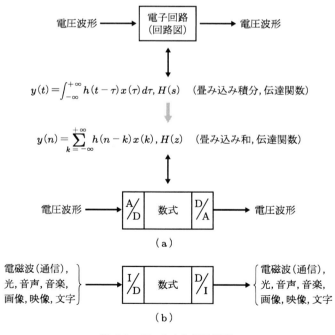

$$y(t) = \int_{-\infty}^{+\infty} h(t-\tau)x(\tau)\,d\tau, H(s) \quad (\text{畳み込み積分, 伝達関数})$$

$$y(n) = \sum_{k=-\infty}^{+\infty} h(n-k)x(k), H(z) \quad (\text{畳み込み和, 伝達関数})$$

（a）

（b）

図 1.2 フィルタと信号処理

あろう．波形を **AD 変換**（アナログ-ディジタル変換）することで処理系はディジタル化され，畳み込み和や z 変換による伝達関数を用いたフィルタの表記が可能となる．処理されたディジタル信号は **DA 変換**によりアナログ値に戻される．ディジタルフィルタは数式で表されるため数学との結びつきが強く，実現の手段も遅延器，乗算器，加算器などの基本演算の組み合わせであったり，プログラムであったりする．

図 1.2(b) のように種々の情報のディジタル化（**ID 変換**：情報-ディジタル変換）により，フィルタの適用範囲は狭義の信号である抽象的波形から広義の信号としての多種メディアへと拡大した．ディジタル信号は極めて加工に適する形態であり，いまではアナログフィルタを参照することなく，数学を駆使した独自の理論を構築している．情報は，その種類によらない共通のディジタル処理（数式処理）の後，**DI 変換**により元のアナログ情報へ復元される．フィルタの用途は，音響信号の分離，画像中からオブジェクトの選択抽出，膨大なデータから価値データの探索，パターンの分類・検索等の情報フィルタへと展開されている．

1.3.2 アナログフィルタ

入力信号を $x(t)$，インパルス応答を $h(t)$，出力信号を $y(t)$ とすると，アナログフィルタによる信号処理は次式の**畳み込み積分**として表される．

$$y(t) = \int_{-\infty}^{+\infty} h(t - \tau)x(\tau)d\tau \tag{1.51}$$

式 (1.51) のアナログフィルタの入出力関係式をフーリエ変換すると，次式を得る．

$$Y(\omega) = H(\omega)X(\omega) \tag{1.52}$$

このように，周波数領域では，畳み込み積分が単なる積として表される．

1.3.3 ディジタルフィルタ

入力信号を $x(n)$，インパルス応答を $h(n)$，出力信号を $y(n)$ とすると，ディジタルフィルタによる信号処理は次式の**畳み込み和**として表される．

$$y(n) = \sum_{k=-\infty}^{+\infty} h(n - k)x(k) \tag{1.53}$$

式 (1.53) のディジタルフィルタの入出力関係式を離散時間フーリエ変換すると，次式を得る．

$$Y(\Omega) = H(\Omega)X(\Omega) \tag{1.54}$$

アナログフィルタと同様に，周波数領域では畳み込み和が単なる積として表される．ディジタルフィルタの周波数領域での作用は，アナログフィルタと同様に，インパルス応答の DTFT である $H(\Omega)$ によって規定される．

1.4 行列にもとづく信号処理

本節では，アナログ信号をディジタル化するとフーリエ変換やフィルタリングがベクトルと行列を用いて簡潔に表されることを示す．さらに，フーリエ解析にもとづく信号処理を基本形として，次章以降で用いる一般表現されたベクトルと行列にもとづく信号処理の概略について説明する．

1.4.1 ディジタル化

図 1.1 に示したように，信号の形態によってフーリエ解析の定義式は異なる．波形を数式で表し，積分を忠実に計算するのはあまり現実的ではない．一方，1.2 節で説明した離散フーリエ変換（DFT）は信号をディジタル化し，行列演算によりフーリエ変換を行うので，ソフトウェアやハードウェアなど多様な手段で演算を実現できる．さらに，DFT を効率的に計算できる FFT の発明により，さまざまなディジタル情報の周波数解析が有効に行えるようになり，適用範囲の拡大に寄与した．

アナログ信号のディジタル化は，サンプリングによりなされる．ディジタル信号は，次に示す標本化定理にもとづきアナログ信号へ相互変換できることが保証されている．ここでは，サンプリングを介した積分のディジタル化について検討し，行列によるこれらの表現を求める．

標本化定理（sampling theorem）
アナログ信号 $f(t)$ を

$$F(\omega) = 0, \quad |\omega| > \omega_m = 2\pi f_m \tag{1.55}$$

のように**最大周波数** f_m [Hz]（あるいは**最大角周波数** ω_m [rad/s]）をもつ**帯域制限信号**とする．$f(t)$ をサンプリングするとき，サンプリング周波数が $f_s > 2f_m$ を満たせば，サンプル値 $f(nT_s), n \in Z$ から元の信号を復元できる．

具体的な復元の公式は，

$$f(t) = \sum_{n=-\infty}^{+\infty} f(nT_s) \frac{\sin \omega_m(t - nT_s)}{\omega_m(t - nT_s)} \tag{1.56}$$

$$T_s = \frac{1}{f_s} < \frac{1}{2f_m} \tag{1.57}$$

となる.

　フーリエ係数とフーリエ変換を得るための定義式をディジタル化すると，式 (1.41) の離散フーリエ変換を得る．離散フーリエ変換は，**縦ベクトル（列ベクトル）**と行列を用いると

$$\mathbf{F} = \mathbf{W}_{\mathrm{DFT}}\mathbf{f} \tag{1.58}$$

と表される．式 (1.58) を要素で表すと

$$\begin{bmatrix} F[0] \\ F[1] \\ \vdots \\ F[N-1] \end{bmatrix} = \begin{bmatrix} W_N^0 & W_N^0 & W_N^0 & \cdots & W_N^0 \\ W_N^0 & W_N^1 & W_N^2 & \cdots & W_N^{N-1} \\ \vdots & \vdots & & \ddots & \vdots \\ W_N^0 & W_N^{N-1} & W_N^{(N-1)2} & \cdots & W_N^{(N-1)(N-1)} \end{bmatrix} \begin{bmatrix} f(0) \\ f(1) \\ \vdots \\ f(N-1) \end{bmatrix} \tag{1.59}$$

$$W_N = e^{-j\frac{2\pi}{N}} \tag{1.60}$$

となる.

　一方，アナログ信号の**線形フィルタリング**は，時刻 τ で入力されたインパルス信号に対する時刻 t での出力応答を表すインパルス応答 $h(t, \tau)$ を用いて，

$$y(t) = \int_{-\infty}^{+\infty} h(t, \tau)x(\tau)d\tau \tag{1.61}$$

のように積分変換として表される．有限区間の時間 t を信号にとって十分細かい間隔 $t = 1, 2, \cdots, N$ $(T = 1 \,[\mathrm{s}])$ でサンプリングを行うと，積分演算は，

$$y_m = \sum_{n=1}^{N} h_{mn}x_n, \quad m = 1, 2, \cdots, N \tag{1.62}$$

のように総和（積和演算）として近似的に表すことができる．ただし，$y_m = y(t)$, $x_n = x(\tau)$, $h_{mn} = h(t, \tau)$, $m, n, t, \tau = 1, 2, \cdots, N$ とする．

　したがって，信号の線形フィルタリング処理も

$$\mathbf{y} = \mathbf{H}\mathbf{x} \tag{1.63}$$

すなわち,

$$
\begin{bmatrix} y_1 \\ y_2 \\ \vdots \\ y_N \end{bmatrix} = \begin{bmatrix} h_{11} & h_{12} & \cdots & h_{1N} \\ h_{21} & h_{22} & \ddots & \vdots \\ \vdots & \ddots & \ddots & \vdots \\ h_{N1} & \cdots & \cdots & h_{NN} \end{bmatrix} \begin{bmatrix} x_1 \\ x_2 \\ \vdots \\ x_N \end{bmatrix} \tag{1.64}
$$

のように，出力信号ベクトルは入力信号ベクトルの行列変換で表せる．

とくに，式 (1.51) のようにフィルタが時不変であれば，$h_{m,n} = h_{m-n}$ となり，式 (1.53) と同じ演算表現の

$$
y_m = \sum_{n=1}^{N} h_{m-n} x_n, \quad m = 1, 2, \cdots, N \tag{1.65}
$$

と表される．なお，フィルタの時不変性とは，入力信号をフィルタ処理した結果が入力を加える時刻によらず同一の出力信号となる性質である．このとき変換行列は

$$
\mathbf{H} = \begin{bmatrix} h_0 & h_{-1} & \cdots & h_{-(N-1)} \\ h_1 & h_0 & \ddots & \vdots \\ \vdots & \ddots & \ddots & \vdots \\ h_{N-1} & \cdots & \cdots & h_0 \end{bmatrix} \tag{1.66}
$$

となり，とくに $h_{m-n} = h_{n-m}$ の場合は**対称行列**となる．

他の例として**自己相関関数**を検討する．ディジタル信号の自己相関関数は次式で表される．

$$
r_m = \sum_{n=1}^{N} x_n x_{n-m}, \quad m = 1, 2, \cdots, N \tag{1.67}
$$

これは，入力信号と入力信号を移動した信号との間で積和演算を行う例である．自己相関関数もベクトルと行列により表すことができる．すなわち，式 (1.67) は

$$
\mathbf{r_x} = \mathbf{R_x} \mathbf{x} \tag{1.68}
$$

となり，要素で表すと

$$
\begin{bmatrix} r_1 \\ r_2 \\ \vdots \\ r_N \end{bmatrix} = \begin{bmatrix} x_0 & x_1 & \cdots & x_{N-1} \\ x_{-1} & x_0 & \ddots & \vdots \\ \vdots & \ddots & \ddots & \vdots \\ x_{-(N-1)} & \cdots & \ddots & x_0 \end{bmatrix} \begin{bmatrix} x_1 \\ x_2 \\ \vdots \\ x_N \end{bmatrix} \tag{1.69}
$$

となる.

　以上のように，フーリエ解析にもとづく信号処理では，フーリエ変換も畳み込みも積和演算から成り立っているため，ベクトルと行列を用いた形式で表すことができる．総和を表すシグマ記号（Σ）の代わりにベクトルと行列を用いれば，線形代数の基礎を学んだものにとって，より身近なものになるだろう．有限次元の行列とベクトルは，信号処理を簡素化し，また，プログラミングが行いやすくする表現である．

1.4.2　信号とベクトル

　本項では，座標系を用いた信号表現と行列の関係について説明する．アナログ信号とディジタル信号のいずれも，汎用性に富む**ベクトル**と**行列**で表されることを確認する．

（1）　アナログ信号

　フーリエ級数展開では，周期信号を周期の異なる三角関数の混合として表す．図 1.3 は，三角関数系を含む一般的な関数系（基底）で展開表現した概念図である．基底表現（座標系表現）されたアナログ信号は，N 個の基底 $\varphi_i(t), i = 1, 2, \cdots, N$ から構成される N 次元縦ベクトル $\boldsymbol{\varphi}(t) = \begin{bmatrix} \varphi_1(t) & \varphi_2(t) & \cdots & \varphi_N(t) \end{bmatrix}^T$ と N **次元係数ベクトル** $\boldsymbol{\alpha} = \begin{bmatrix} \alpha_1 & \alpha_2 & \cdots & \alpha_N \end{bmatrix}^T$ を用いると，

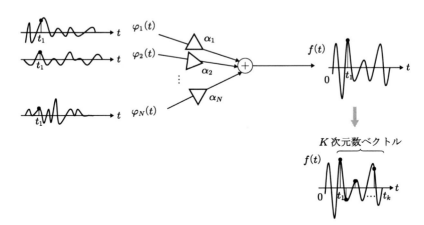

図 1.3　基底の線形結合による信号表現

$$f(t) = \alpha_1 \varphi_1(t) + \alpha_2 \varphi_2(t) + \cdots + \alpha_N \varphi_N(t)$$

$$= \begin{bmatrix} \varphi_1(t) & \varphi_2(t) & \cdots & \varphi_N(t) \end{bmatrix} \begin{bmatrix} \alpha_1 \\ \alpha_2 \\ \vdots \\ \alpha_N \end{bmatrix} = \boldsymbol{\varphi}(t)^T \boldsymbol{\alpha} \tag{1.70}$$

と表せる．ここで，T は転置を表し，式 (1.70) はベクトル間の**内積**である．式 (1.70) は，信号の展開表現の一般式である．

なお，図 1.3 に示すように瞬時（たとえば $t = t_1$）に注目すると，信号値は数ベクトルの内積の値として表される．

（2）ディジタル信号

次に，図 1.3 において時刻 $t = t_1, t_2, \cdots, t_K$ におけるサンプル値 $f(t_1), f(t_2), \cdots, f(t_K)$ を要素とする K 次元縦ベクトルを $\mathbf{f} = \begin{bmatrix} f_1 & f_2 & \cdots & f_K \end{bmatrix}^T$ と表すことにする．同様に，N 個の $\varphi_i(t)$ のサンプル値列を要素とする K 次元基底ベクトルを $\boldsymbol{\varphi}_i = \begin{bmatrix} \varphi_{i1} & \varphi_{i2} & \cdots \varphi_{iK} \end{bmatrix}^T, i = 1, 2, \cdots, N$ と表す．

基底ベクトル（縦ベクトル）を並べて構成される $K \times N$ サイズの**基底行列** $\boldsymbol{\varphi} = \begin{bmatrix} \boldsymbol{\varphi}_1 & \boldsymbol{\varphi}_2 & \cdots & \boldsymbol{\varphi}_N \end{bmatrix}$ を用いると，ディジタル信号は，

$$\mathbf{f} = \alpha_1 \boldsymbol{\varphi}_1 + \alpha_2 \boldsymbol{\varphi}_2 + \cdots + \alpha_N \boldsymbol{\varphi}_N$$

$$= \begin{bmatrix} \boldsymbol{\varphi}_1 & \boldsymbol{\varphi}_2 & \cdots & \boldsymbol{\varphi}_N \end{bmatrix} \begin{bmatrix} \alpha_1 \\ \alpha_2 \\ \vdots \\ \alpha_N \end{bmatrix} = \boldsymbol{\varphi}\boldsymbol{\alpha} \tag{1.71}$$

と表せる．式 (1.71) は，係数ベクトル $\boldsymbol{\alpha}$ の行列 $\boldsymbol{\varphi}$ による変換である．

ディジタル信号の基底として最も基本的なものは，次式で表される K 個の K 次元**自然基底**（単位パルスをシフトした K 次元ベクトル）である．

$$\left.\begin{array}{l} \mathbf{e}_1 = \begin{bmatrix} 1 & 0 & 0 & \cdots & 0 \end{bmatrix}^T \\ \qquad \vdots \\ \mathbf{e}_k = \begin{bmatrix} 0 & 0 & 1 & 0 & \cdots & 0 \end{bmatrix}^T \quad \text{（k 番目の要素が 1 でそれ} \\ \qquad \vdots \qquad\qquad\qquad\qquad\qquad \text{以外はゼロのベクトル）} \\ \mathbf{e}_K = \begin{bmatrix} 0 & 0 & 0 & \cdots & 1 \end{bmatrix}^T \end{array}\right\} \tag{1.72}$$

自然基底を用いると，式 (1.71) は

$$\mathbf{f} = f_1\mathbf{e}_1 + f_2\mathbf{e}_2 + \cdots + f_K\mathbf{e}_K = \mathbf{Ef} \tag{1.73}$$

$$\mathbf{E} = \begin{bmatrix} \mathbf{e}_1 & \mathbf{e}_2 & \cdots & \mathbf{e}_K \end{bmatrix} \quad \text{(単位行列)} \tag{1.74}$$

のように行列で表される.自然基底では係数ベクトルと信号値は一致する.式 (1.71) と式 (1.73) の座標系は異なるが,いずれも同一のディジタル信号を簡潔な行列により表している.

以上より,フーリエ変換,畳み込み積分およびフーリエ級数展開等は,基底関数系を用いて一般的に表現されることがわかる.また,これらはベクトルと行列を用いて統一的に表すことができる.係数ベクトルをある行列で変換した形でディジタル信号が表される場合,変換行列を構成する列ベクトルを基底として信号が展開されていることを意味し,すなわち基底による展開と変換は同一視できることもわかる.

ベクトルと行列にもとづく信号処理では,行列変換を何回か施しながら信号の基底や係数ベクトルを変換し,所望の処理を実現することになる.

第**2**章

信号の基礎

本章では，信号の集合，信号空間および座標系など信号とシステムの基本事項をまとめて示す．信号空間の幾何的性質および線形変換について理解を深めることが，ここでの目的である．

2.1 集合

　集合（Set）は，定義されたものの集まりであり，集合内の**要素**（または元）を $\{\ \ \}$ でくくり，記号を付して表す．その他にも，**命題** P を用いて，$S = \{x|P\}, S = \{x;P\}$ のように表すこともできる．P は x に関する命題であり，P が真となる（P が成立する）x のことを意味する．とくに，要素をもたない集合は**空集合**（empty set, null set）とよばれ，ϕ あるいは $\{\ \}$ と記す．集合には表 2.1 に示す例がある．

表 **2.1** 集合の表記

集合	表記
整数全体の集合	$Z = \{\ldots, -1, 0, 1, 2, \ldots\}$
実数全体の集合	R
複素数全体の集合	C
数列の集合	$X = \{x_0, x_1, \ldots, x_k, \ldots\}$
ベクトルの集合	$X = \{\mathbf{x}_0, \mathbf{x}_1, \ldots, \mathbf{x}_k, \ldots\}$
信号値列の集合	$F = \{\ldots, f(-1), f(0), f(1), f(2), \ldots, f(k), \ldots\}$

2.1.1 信号の集合

　信号を扱うとき，個々の信号は関数を用いて表すが，信号処理では信号の集まりを対象とすることが多い．そのため信号の集合の概念が必要になる．

（1） 集合の例

　信号の集合を既定することは重要になるが，表 2.2 によくみられるものを表記例と

表 2.2 信号集合の例

信号集合	表記
ピアノ楽音の集合	$S_P = \{f(t)\,\vert\, ピアノ楽音\,\}$
N 枚のディジタル顔画像の集合	$S_F = \{f_i(n_1, n_2)\,\vert\, ディジタル顔画像,\quad i = 1, \cdots, N\}$
2 乗可積分空間（エネルギー有限アナログ信号空間）	$L^2(R) = \left\{ f(t)\,\middle\vert\, \int_{-\infty}^{+\infty} \vert f(t)\vert^2 dt < \infty \right\}$
エネルギー有限ディジタル信号空間	$l^2(Z) = \left\{ f(n)\,\middle\vert\, \sum_{n=-\infty}^{+\infty} \vert f(n)^2 < \infty \right\}$
N 次元信号空間	$N_N = \left\{ f(t)\,\middle\vert\, f(t) = \sum_{i=1}^{N} \alpha_i \varphi_i(t), t \in R \right\}$
角周波数 ω_0 [rad/s] の正弦波信号の集合	$S_{\omega_0} = \{f(t)\vert f(t) = A\sin(\omega_0 t + \theta), t \in R\}$
周期 T の信号の集合	$S_T = \{f(t)\vert f(t) = f(t + T), t \in R\}$
振幅が大きさ K で制限された信号の集合	$S_K = \{f(t)\vert\, \vert f(t)\vert \leq K, t \in R\}$
継続時間が T_c の信号の集合	$S_{T_c} = \{f(t)\vert f(t) = 0, \vert t\vert > T_c\}$
ω_c で帯域制限された信号の集合	$S_{\omega_c} = \left\{ f(t)\,\middle\vert\, F(\omega) = \int_{-\infty}^{+\infty} f(t)e^{-j\omega t} dt = 0, \vert\omega\vert > \omega_c \right\}$
確率密度関数がシフト不変となる不規則信号（定常信号）の集合	$S_S = \{f(t)\vert p_n(f_1, f_2, \cdots, f_n; t_1, t_2, \cdots, t_n)$ $= p_n(f_1, f_2, \cdots, f_n; t_1 + \tau, t_2 + \tau, \cdots, t_n + \tau)\}$
確率密度関数がガウス分布の不規則信号（正規信号）の集合	$S_G = \{f(t)\vert p(f, t) = \dfrac{1}{\sqrt{2\pi}\sigma} e^{\frac{(f-m)^2}{2\sigma^2}},$ $E[f(t)] = m, E[(f(t) - m)^2] = \sigma^2\}$
平均ゼロ，分散 σ^2 の白色信号の集合	$S_W = \{f(t)\vert R_{ff}(\tau) = \delta_\tau\}$

ともに示す．最初の二つの集合を除くと，以下は波形や数値列の属性に着目した集合
である．たとえば，2 乗可積分空間は，信号値を電圧とみなすと電力の積分，すなわ
ちエネルギーが有限であるような電圧信号の集合に相当する．帯域制限された信号の
集合は，通信伝送波形の集合である．他の数学的表記については後章において用語の
説明を行う．第 1 章で述べたように，音声，画像，映像等は広義の信号であるが，本
書では，それらに由来する波形や数値列を含む狭義の信号（数学的対象としての信号）
を主な対象とする．

（2） 集合と要素

集合が定義されると，ある要素が含まれるか（属するか），含まれていないか（属さ

ないか）を示すことができる．要素 x が集合 S に含まれる（属する）ことを $x \in S$ と表し，含まれない（属さない）ことを $x \notin S$ と表す．

通常は，要素が S に含まれるか否かは明確に判定できる．しかし，要素によっては，いずれかの集合に属するかを明確に判別し難い場合もある．要素が集合に含まれる度合いをあいまいに表現する集合を**ファジィ集合**とよび，要素が集合へ属する度合いを 0 から 1 までの値をとる**メンバーシップ関数**により表す．要素 x がファジィ集合 A に含まれる度合いを，メンバーシップ関数の値として

$$\mu_A(x) \in [0, 1] \tag{2.1}$$

のように表す．$\mu_A(x)$ の値が 1 に近ければ A に属する度合いが高く，0 に近ければ度合いは低い．メンバーシップ関数の値は，帰属度，あるいはグレードともいう．

なお，帰属度が 1 か 0 の 2 値の場合は，集合に含まれるか含まれないかであり，このような通常の集合のことをファジィ集合に対して**クリスプ集合**（非ファジィ集合）という．

実際のさまざまな場面で信号を論じるとき，ある信号要素が信号集合に属するかを判定することが困難なことは多い．たとえば，音楽や画像をそれが表す内容を基準として集合分類するときなどである．そのようなとき，ファジィ集合として分類すればうまくいく場合もある．

2.1.2 集合の関係

次に，集合の関係について述べる．ある集合の一部分を**部分集合**という．たとえば，集合 A と集合 B において，B が A の部分集合であるとき $A \supseteq B$ と表す．集合 B は集合 A に含まれ，B の要素はすべて A の要素となる．また，$A \neq B$ のときは $A \supset B$ と書き，B を A の**真部分集合**という．集合 A と集合 B が等しいのは，$A \supseteq B$ かつ $B \supseteq A$ のときであり，$A = B$ と表す．

（1）クリスプ集合の論理演算

信号に対しても和集合（結び）および積集合（共通部分，交わり）が定義される．さらに，補集合や差集合が定義されている．式 (2.2)～(2.5) および図 2.1 にこれらの集合を示す．

$$\text{和集合} \quad A \cup B \text{ または } A + B \tag{2.2}$$

$$\text{積集合} \quad A \cap B \tag{2.3}$$

$$\text{補集合} \quad A^c \tag{2.4}$$

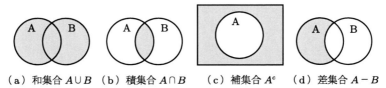

（a）和集合 $A \cup B$ （b）積集合 $A \cap B$ （c）補集合 A^c （d）差集合 $A - B$

図 2.1 各種集合

$$\text{差集合} \quad A - B \tag{2.5}$$

集合間においては**ド・モルガンの法則**が成り立つ．式 (2.6), (2.7) および図 2.2 にド・モルガンの法則と関係を示す．

$$(A \cup B)^c = A^c \cap B^c \tag{2.6}$$
$$(A \cap B)^c = A^c \cup B^c \tag{2.7}$$

さらに，式 (2.8) のように集合 S を重複しないよう分割することができれば，N 個の部分集合を生成することができる．図 2.3 に集合の分割を示す．

$$S = S_1 \cup S_2 \cup \cdots \cup S_N = S_1 + S_2 + \cdots + S_N \quad S_i \cap S_j = \phi, \quad i \neq j \tag{2.8}$$

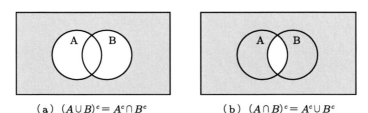

（a）$(A \cup B)^c = A^c \cap B^c$ （b）$(A \cap B)^c = A^c \cup B^c$

図 2.2 ド・モルガンの法則

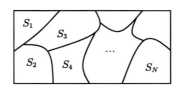

図 2.3 集合の分割

（2） ファジィ集合の論理演算

式 (2.2)〜(2.7) は，クリスプ集合間の一種の論理演算であるが，ファジィ集合の場合の和集合と積集合は以下のように表される．

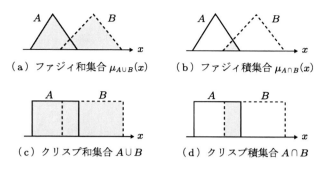

（a）ファジィ和集合 $\mu_{A\cup B}(x)$ 　　（b）ファジィ積集合 $\mu_{A\cap B}(x)$

（c）クリスプ和集合 $A\cup B$ 　　（d）クリスプ積集合 $A\cap B$

図 **2.4**　ファジィ集合の和集合と積集合
塗りつぶし部分が，演算の結果を表す．

$$A \cup B \Rightarrow \mu_{A\cup B}(x) = \max\{\mu_A(x), \mu_B(x)\} \tag{2.9}$$

$$A \cap B \Rightarrow \mu_{A\cap B}(x) = \min\{\mu_A(x), \mu_B(x)\} \tag{2.10}$$

図 2.4 に示すようにファジィ集合の演算は，クリスプ集合の場合を含むよう自然な形で拡張されて定義されており，その結果もファジィ集合となる．

例題 2.1
図 2.5(a) および (b) に示す平面上で表される信号点の集合 A および B に対して，和集合，積集合および差集合を示しなさい．

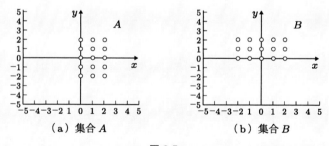

（a）集合 A 　　　　　　（b）集合 B

図 **2.5**

$$A = \{2 \geq x \geq 0 \text{ かつ } 2 \geq y \geq -2 \text{ の整数信号点の集合}\}$$

$$B = \{2 \geq x \geq -2 \text{ かつ } 2 \geq y \geq 0 \text{ の整数信号点の集合}\}$$

[解]　図 2.6(a)，(b) および (c) に和集合，積集合および差集合を示す．

2.1.3　信号間距離

信号処理では，**信号間の距離**（metric of signals）を定義し，いろいろな場面で用い

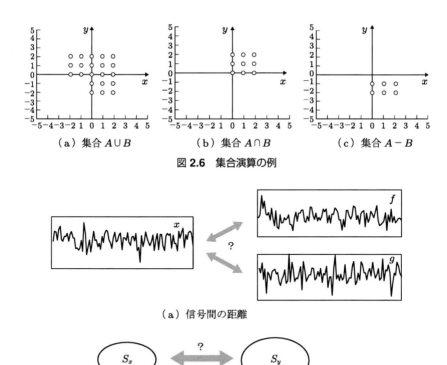

（a）集合 $A \cup B$ 　　　　（b）集合 $A \cap B$ 　　　　（c）集合 $A - B$

図 **2.6** 集合演算の例

（a）信号間の距離

（b）信号集合間の距離

図 **2.7** 信号の距離

る．たとえば，図 2.7(a) に示すように，信号 x と二つの信号 f および g との距離をノルムを用いて測ることで，x がどちらに近いかを判断する類似度とみなすことができる．また，距離は，信号の近似等の問題では誤差を表すことにもなるので，誤差基準の評価に用いることもできる．

図 2.7(b) は，距離をある信号集合間に適用する例である．集合の平均（中心）間の距離や，最近傍信号間の距離により信号集合同士の間の距離を測ることができる．集合間の和集合が大きければ類似性が高いといえるだろう．さらには，信号と集合間に対して距離を適用すると，その信号が集合に含まれるか否かの判定が可能である．

集合の要素 x および y 間の距離とは，次の性質を満たす $d(x, y)$ として表される．

1) $d(x, y) \geq 0$ および $x = y$ のときに限り $d(x, y) = 0$
2) $d(x, y) = d(y, x)$
3) $d(x, z) \geq d(x, y) + d(y, z)$ 　　　（三角不等式）

表 2.3　信号距離の例

名称	信号距離（ノルム）
ユークリッド距離	$d(x,y) = \sqrt{\displaystyle\sum_{i=1}^{N}(x_i - y_i)^2}$
L_2 ノルム	$d(x,y) = \sqrt{\displaystyle\int_T (x(t) - y(t))^2 dt}$
最大値ノルム	$d(x,y) = \max\{|x_i - y_i|, i = 1, 2, \cdots, n\}$
L_1 ノルム	$d(x,y) = \displaystyle\int_T |x(t) - y(t)| dt$
l_1 ノルム（City block）	$d(x,y) = \displaystyle\sum_{i=1}^{N} |x_i - y_i|$
l_p ノルム（ミンコフスキーノルム）	$d(x,y) = \left(\displaystyle\sum_{i=1}^{N} |x_i - y_i|^p\right)^{\frac{1}{p}}$
重み付き City block	$d(x,y) = \displaystyle\sum_{i=1}^{N} a_i |x_i - y_i|$
2 次形式ノルム	$d(\mathbf{x}, \mathbf{y}) = (\mathbf{x} - \mathbf{y})^T \mathbf{Q}(\mathbf{x} - \mathbf{y})$
マハラノビス距離	$d(\mathbf{x}, \mathbf{y}) = (\mathbf{x} - \mathbf{y})^T \mathbf{R}_{\mathbf{ee}}^{-1}(\mathbf{x} - \mathbf{y})$

　信号処理でよくみられる具体的な信号間距離，あるいは集合間距離の例を表 2.3 に示す.

例題 2.2
次のディジタル信号 $\mathbf{f}$ と $\mathbf{x}$, $\mathbf{f}$ と $\mathbf{y}$ 間の距離を，表 2.3 におけるユークリッド距離，最大値ノルム，および l_1 ノルムを用いて求めなさい.

$$\mathbf{f} = [2 \ {-1} \ 3]^T, \quad \mathbf{x} = [1 \ 3 \ 2]^T, \quad \mathbf{y} = [1 \ {-1} \ 0]^T$$

[解]　ユークリッド距離を用いた場合の距離は, $d(f,x) = \sqrt{(2-1)^2 + (-1-3)^2 + (3-2)^2}$ $= 4\sqrt{2}$, $d(f,y) = \sqrt{(2-1)^2 + (-1-(-1))^2 + (3-0)^2} = \sqrt{10}$ となり, 最大値ノルムを用いた場合の距離は, $d(f,x) = \max\{|2-1|, |-1-3|, |3-2|\} = 4$, $d(f,y) = \max\{|2-1|, |-1-(-1)|, |3-0|\} = 3$ となり, l_1 ノルムを用いた場合の距離は, $d(f,x) = |2-1| + |-1-3| + |3-2| = 6$, $d(f,y) = |2-1| + |-1-(-1)| + |3-0| = 4$ となる. 距離の種類により, 類似度は少しずつ異なる.

2.1.4 写像

　ここで，信号の表現や変換と深く関係する写像の定義を示す．集合 X の任意の要素 x に集合 Y の要素 y が一つ対応するとき，この対応を関数または**写像**（map, mapping）といい $f : X \to Y$, $y = f(x)$ と書く．ここで集合 X を**定義域**（domain），集合 Y を**値域**（range）という．

　写像（関数）f において，集合 X の相異なる要素が，集合 Y の相異なる要素に対応しているとき，**単射**（injective）あるいは **1 対 1 写像**（one to one mapping）という．一方，集合 X の写像（関数）f による**像**（image）が集合 Y の値域全体となるとき，**全射**（surjective）あるいは**上への写像**（onto mapping）という．f が 1 対 1 写像（関数）かつ上への写像（関数）であるとき，**全単射**（bijective）という．

　集合 X から集合 Y への写像（関数）f が全単射とする．このとき，f とは逆方向に Y の各要素に対して X の要素を対応させることができ，これを**逆写像**（逆関数）といい，f^{-1} と表す．集合 X のある要素 x を f で写像し，f^{-1} で逆写像すると x となるが，これを**恒等写像**（identity map）という．

　信号空間 X の要素の f による像が信号空間 Y となれば，f は信号処理の写像を表す．信号処理では，逆写像が存在することが実際上有用となることが多い．また，信号空間内で要素同士を対応させる写像のことを**オペレータ**（作用素）という．さらに，定義域が信号で，値域が実数や複素数の値となる変換も信号処理ではしばしばみられる．この写像は，**汎関数**（functional）という．

2.2 信号空間

　ここまで，信号の集合についてみてきたが，ここで信号空間という概念を導入しよう．信号処理は，信号集合の要素間の演算として行われる．要素間に代数演算構造を付加した集合は空間といわれる．線形演算の結果が空間内の要素となれば，広義にはベクトル空間といわれ，線形演算に対して閉じている．さらに，代数演算構造にノルムや直交といった内積の概念を導入すると，連続性，収束，完備性などの議論が可能となる．このような空間はヒルベルト空間といわれる．主要な信号空間はヒルベルト空間であり，以後はこのヒルベルト空間を前提とする．

　次に，ベクトルと内積，線形独立と従属，部分空間，直交と射影子について述べる．

2.2.1 ベクトルと内積

　アナログ信号 $f(t)$ の信号空間は，関数空間であり，ディジタル信号 $f(n), n \in Z$ の信号空間は，数ベクトル空間（無限次元ベクトル空間）である．実際の有限区間信号

を対象とすると，有限次元数ベクトル空間である．

　本書では，主として有限次元実数値ベクトルを対象とする†．いわゆる幾何的ベクトル（大きさと方向をもつ矢印で表記するベクトル）は，直感的でわかりやすい数ベクトルなので，空間内の点表現とともに説明に用いることにする．

（1）　内積

　信号に対して加算およびスカラー積（線形演算）が定義されるとき，信号ベクトル間の内積は，

$$\langle \mathbf{x}, \mathbf{y} \rangle = \sum_{i \in I} x_i^* y_i = \mathbf{x}^H \mathbf{y} \tag{2.11}$$

$$\langle f(t), g(t) \rangle = \int_{t \in T} f(t)^* g(t) dt \tag{2.12}$$

と表せる．なお，関数，ベクトルや行列の共役や転置に関して，$\mathbf{x}^*$ は要素の共役を，$\mathbf{x}^T$ は転置を，$\mathbf{x}^H$ は共役転置 $\mathbf{x}^H = \mathbf{x}^{*T} = \mathbf{x}^{T*}$ を表すものとして表記する．式 (2.11) および式 (2.12) では，総和と積分に関する信号数および積分区間を I および T と表しているが，適宜与えるものとする．

　内積は，直交関係，ノルム（長さ，大きさ）および距離等を記述するために用いられ，任意の要素 x，y に対して値 $\langle x, y \rangle$ が決まり，

1)　$\langle x, x \rangle = 0$　$\Leftrightarrow$　$x = 0$
2)　$\langle x, y \rangle = \langle y, x \rangle$
3)　$\langle ax + by, z \rangle = a\langle x, z \rangle + b\langle y, z \rangle$　　　（三角不等式）

を満たす．

　以下，アナログ信号に対する表記は省略し，ディジタル信号を用いて信号の内積と直交性について説明する．

（2）　内積の幾何

　二つの信号が直交するとは，内積がゼロであることを意味する．これは，

$$\langle \mathbf{x}, \mathbf{y} \rangle = 0 \tag{2.13}$$

と表される．

　図 2.8 に示す信号 $\mathbf{f}$ と信号 φ（座標軸）との内積について考えてみよう．α は任意のスカラー変数とすると，差信号 $\mathbf{f} - \alpha\varphi$ と $\alpha\varphi$ とが直交するための条件は，式 (2.13)

---

† 本書ではベクトルを表記するときは列ベクトル（縦ベクトル）とする．

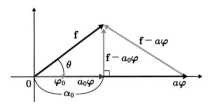

図 2.8　内積と幾何

より

$$\langle \mathbf{f} - \alpha\boldsymbol{\varphi}, \alpha\boldsymbol{\varphi} \rangle = 0 \tag{2.14}$$

となる．式 (2.14) を満たす係数は

$$\alpha = \frac{\langle \mathbf{f}, \boldsymbol{\varphi} \rangle}{\langle \boldsymbol{\varphi}, \boldsymbol{\varphi} \rangle} = \frac{\langle \mathbf{f}, \boldsymbol{\varphi} \rangle}{\|\boldsymbol{\varphi}\|^2} \tag{2.15}$$

と表される．

　もし，$\boldsymbol{\varphi}$ を正規化し，大きさを 1 にして $\boldsymbol{\varphi}_0 = \boldsymbol{\varphi}/\|\boldsymbol{\varphi}\|\,(\|\boldsymbol{\varphi}_0\| = 1)$ と表すと，直交時の係数は

$$\alpha_0 = \langle \mathbf{f}, \boldsymbol{\varphi}_0 \rangle \tag{2.16}$$

のように内積で表される．

　さらに，図 2.8 のように $\mathbf{f}$ と $\boldsymbol{\varphi}$ とがなす角度 θ を定めると

$$\langle \mathbf{f}, \boldsymbol{\varphi} \rangle = \|\mathbf{f}\|\|\boldsymbol{\varphi}\| \cos\theta \tag{2.17}$$

のように幾何的に表されることから，式 (2.16) の係数は

$$\alpha_0 = \|\mathbf{f}\| \cos\theta \tag{2.18}$$

のようにも表せる．式 (2.18) は，信号 $\mathbf{f}$ を座標軸 $\boldsymbol{\varphi}$ へ垂直に射影したときの長さであり，射影成分を表す．

例題 2.3
信号 $\mathbf{f} = [0\ 1\ 1]^T$ を座標軸 $\boldsymbol{\varphi} = [1\ 2\ 1]^T$ へ垂直に射影したときの長さと角度を求めなさい．

[解]　正規化すると $\boldsymbol{\varphi}_0 = \dfrac{1}{\sqrt{6}}\begin{bmatrix}1 & 2 & 1\end{bmatrix}^T$ となるので，式 (2.16) より

$$\alpha_0 = \langle \mathbf{f}, \boldsymbol{\varphi}_0 \rangle = \sqrt{\frac{3}{2}} \tag{2.19}$$

となり，式 (2.18) より

$$\cos\theta = \frac{\alpha_0}{\|\mathbf{f}\|} = \sqrt{\frac{3}{2}} \cdot \frac{1}{\sqrt{2}} = \frac{\sqrt{3}}{2} \tag{2.20}$$

なので $\theta = \frac{\pi}{6}$ となる． ∎

（3） 内積とノルム

式 (2.17) において，$\varphi = \mathbf{f}$ とすると信号自身への射影なので，

$$\langle \mathbf{f}, \mathbf{f} \rangle = \|\mathbf{f}\|^2 \tag{2.21}$$

となる．したがって，信号のノルムは，内積を用いて

$$\|\mathbf{f}\| = \sqrt{\langle \mathbf{f}, \mathbf{f} \rangle} \tag{2.22}$$

と表される．

また，信号間のノルムに関して，シュワルツの不等式

$$\|\langle \mathbf{x}, \mathbf{y} \rangle\| \leq \|\mathbf{x}\| \cdot \|\mathbf{y}\| \tag{2.23}$$

が成立する．

2.2.2 線形独立と従属

信号空間 V のある信号 $\mathbf{f}$ が，信号系 $\varphi_k, k = 1, 2, \cdots, N$ を用いて

$$\mathbf{f} = \alpha_1\varphi_1 + \alpha_2\varphi_2 + \cdots + \alpha_N\varphi_N \tag{2.24}$$

のように**線形結合**（一次結合）で表されるとする．

式 (2.24) において，$\alpha_k \neq 0$ のとき，もし，

$$\alpha_1\varphi_1 + \alpha_2\varphi_2 + \cdots + \alpha_N\varphi_N = \mathbf{0} \tag{2.25}$$

が成立すると，少なくとも一つの信号系は

$$\varphi_i = -\frac{1}{\alpha_i}(\alpha_1\varphi_1 + \alpha_2\varphi_2 + \cdots + \alpha_N\varphi_N) \tag{2.26}$$

のように残りの信号系を用いた線形結合で表される．$\alpha_k \neq 0$ のときにでも式 (2.25) が成り立つとき，信号系は互いに**線形従属**（一次従属）であるという．

式 (2.25) の成立が $\alpha_k = 0, k = 1, 2, \cdots, N$（すべての係数値がゼロ）以外に存在しなければ，信号系は，**線形独立**（一次独立）であるという．線形独立となる信号系の最大の信号数を次元という．

例題 2.4

平面信号空間における線形独立なベクトル信号と線形従属なベクトル信号の例を示しなさい.

[**解**] 図 2.9(a) に線形独立な数ベクトル信号を,図 2.9(b) に線形従属な数ベクトル信号の例を示す.

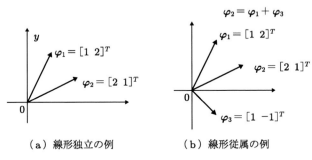

（a）線形独立の例　　　（b）線形従属の例

図 **2.9**　線形独立と従属な数ベクトル信号

2.2.3　部分空間

信号空間 V において,K 次元信号を $\mathbf{f} = \begin{bmatrix} f_1 & f_2 & \cdots & f_K \end{bmatrix}^T$,$N$ 個の K 次元信号系を $\boldsymbol{\varphi}_i = \begin{bmatrix} \varphi_{i1} & \varphi_{i2} & \cdots & \varphi_{iK} \end{bmatrix}^T, i = 1, 2, \cdots, N$ と表す.任意の信号が $K \times N$ サイズの行列 $\boldsymbol{\varphi} = \begin{bmatrix} \boldsymbol{\varphi}_1 & \boldsymbol{\varphi}_2 & \cdots \boldsymbol{\varphi}_N \end{bmatrix}$ を用いて線形結合

$$\mathbf{f} = \boldsymbol{\varphi}\boldsymbol{\alpha} \tag{2.27}$$

で表されるとする（式 (1.71) を参照）.この場合,信号空間 V も信号系と任意の係数 α_i を用いて

$$V = \left\{ \mathbf{f} \ \middle| \ \mathbf{f} = \sum_{i=1}^{N} \alpha_i \boldsymbol{\varphi}_i \right\} \tag{2.28}$$

と表され,信号空間 V は $\{\boldsymbol{\varphi}_i | i = 1, 2, \cdots, N\}$ により生成される空間,あるいは,$\{\boldsymbol{\varphi}_i | i = 1, 2, \cdots, N\}$ が張る空間という.

任意の $\mathbf{f}$ が,信号空間 V を生成する線形独立な信号系の線形結合で一意に表されるとき,その信号系を V の**基底**という.基底を導入すると信号空間の性質が明確になる.

次に,**部分空間**の定義を示す.V を信号空間として,W を V の部分集合 ($W \subseteq V$) とする.$\boldsymbol{\varphi}_1, \boldsymbol{\varphi}_2 \in W$ ならば,$\alpha_1 \boldsymbol{\varphi}_1 + \alpha_2 \boldsymbol{\varphi}_2 \in W$ となれば,W は部分空間という.

V そのものも部分空間であり，$\{0\}$（零ベクトル信号（値 0 の信号）の集合）も部分空間である．

例題 2.5
平面信号空間 V 内の直線は部分空間 W であることを示しなさい．

［**解**］　図 2.10 に示すように，直線 $\boldsymbol{\varphi}_1 + k\boldsymbol{\varphi}_2$ $(k \neq 0)$ 上の任意の信号 $\mathbf{f}_1, \mathbf{f}_2 \in W$ を $\mathbf{f}_1 = a_1(\boldsymbol{\varphi}_1 + k\boldsymbol{\varphi}_2)$ および $\mathbf{f}_2 = a_2(\boldsymbol{\varphi}_1 + k\boldsymbol{\varphi}_2)$ と表すと，次式のように部分空間となる．

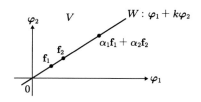

図 2.10　部分空間の例

$$\alpha_1\mathbf{f}_1 + \alpha_2\mathbf{f}_2 = (\alpha_1 a_1 + \alpha_2 a_2)\boldsymbol{\varphi}_1 + k(\alpha_1 a_1 + \alpha_2 a_2)\boldsymbol{\varphi}_2$$
$$= c(\boldsymbol{\varphi}_1 + k\boldsymbol{\varphi}_2) \in W, \quad c = \alpha_1 a_1 + \alpha_2 a_2 \tag{2.29}$$

2.2.4　直交と射影子
（1）　射影子

V を平面信号空間とするとき，部分空間 W の直交性について図 2.11 と射影子を用いて説明する．

図 2.11 のように**射影子**を P と表すと，P による信号 $\mathbf{f}$ の正射影（**直交射影**）は，部分空間 W に対して直交する方向への写像である．

信号空間 V から部分空間 W への射影子 P が次式を満たすとき，P を直交射影と

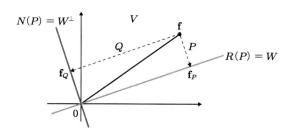

図 2.11　部分空間の直交性

いう.

$$R(P) \perp N(P) = W \perp W^{\perp} \tag{2.30}$$

ここで,$R(P)$ は P による値域であり,$N(P)$ は**零空間**(null space)といい,

$$N(P) = \{\mathbf{f} \in V | P\mathbf{f} = 0\} \tag{2.31}$$

である.

部分空間 W に対して,W のすべての信号 y と直交する信号全体 x からなる部分空間を**直交補空間**(orthogonal complement space)$W^{\perp}$ という.すなわちすべての y に対して,

$$W^{\perp} = \{x | \forall y \in W, \langle x, y \rangle = 0\} \tag{2.32}$$

が成立する.直交射影では,式 (2.30) の部分空間の直交性が満たされ,直交射影が一意に存在する(**直交射影定理**).

信号 $\mathbf{f}$ を射影子 P で射影した信号を

$$\mathbf{f}_P = P\mathbf{f} \tag{2.33}$$

と表すと,直交射影子は,

$$P^2 = PP = P \tag{2.34}$$

$$P^T = P \tag{2.35}$$

を満たす.ディジタル信号に対する射影は行列として表される.なお,次に示す**斜交射影子**では,部分空間に対して直交しない方向への写像となるが,式 (2.35) は満たさない.

さらに,零空間の値域への射影子 Q は,恒等射影子 I を用いて

$$Q = I - P \tag{2.36}$$

で与えられる.その成分は

$$\mathbf{f}_Q = Q\mathbf{f} = I\mathbf{f} - P\mathbf{f} = \mathbf{f} - \mathbf{f}_P \tag{2.37}$$

となる.

(2) 射影子の表現

図 2.12 に示す平面信号空間 V において,信号 φ を含む部分空間 W への信号 $\mathbf{f}$ の射影を考える.直交射影および斜交射影の射影子の,φ を用いた表現を求める.

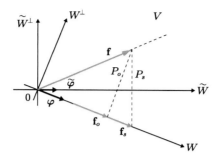

図 2.12 直交射影（正射影）と斜交射影の例

図 2.12 において，信号 $\mathbf{f}$ を W へ直交射影した信号を $\mathbf{f}_o = \alpha\boldsymbol{\varphi}_0$ のように係数 α を用いて表す．ただし，$\boldsymbol{\varphi}_0 = \boldsymbol{\varphi}/\|\boldsymbol{\varphi}\|$ である．

内積の定義より，直交射影子は，

$$\mathbf{f}_o = P_o\mathbf{f} = \frac{\langle \mathbf{f}, \boldsymbol{\varphi}\rangle}{\langle \boldsymbol{\varphi}, \boldsymbol{\varphi}\rangle}\boldsymbol{\varphi} \tag{2.38}$$

と表される．なお，$\boldsymbol{\varphi}_0$ を用いると，式 (2.38) は

$$\mathbf{f}_o = P_o\mathbf{f} = \langle \mathbf{f}, \boldsymbol{\varphi}_0\rangle\boldsymbol{\varphi}_0 \tag{2.39}$$

と表され，係数は，$\alpha = \langle \mathbf{f}, \boldsymbol{\varphi}_0\rangle$ と与えられる．射影子表現と係数は等価となる．また，$P_o^2 = P_o, P_o^T = P_o$ を満たすことは確認できる．

一方，斜交射影子は，信号空間 $\tilde{W}$ の信号 $\tilde{\boldsymbol{\varphi}}$ を用いると

$$\mathbf{f}_s = P_s\mathbf{f} = \frac{\langle \mathbf{f}, \tilde{\boldsymbol{\varphi}}\rangle}{\langle \boldsymbol{\varphi}, \tilde{\boldsymbol{\varphi}}\rangle}\|\boldsymbol{\varphi}\|\boldsymbol{\varphi}_0 = \frac{\langle \mathbf{f}, \tilde{\boldsymbol{\varphi}}\rangle}{\langle \boldsymbol{\varphi}, \tilde{\boldsymbol{\varphi}}\rangle}\boldsymbol{\varphi} \tag{2.40}$$

と表される．なお，$\tilde{\boldsymbol{\varphi}} = \boldsymbol{\varphi}$ となるときは，直交射影になる．

以上の幾何的性質から，直交射影の信号差 $\|\mathbf{f} - \mathbf{f}_o\|$ は，斜交射影の信号差 $\|\mathbf{f} - \mathbf{f}_s\|$ よりは小さく，信号差を最小とする射影は，直交射影となることがわかる．

例題 2.6
平面信号空間において，次のように部分空間が与えられているとき，直交射影子 P_o と斜交射影子 P_s の表現を求めなさい．

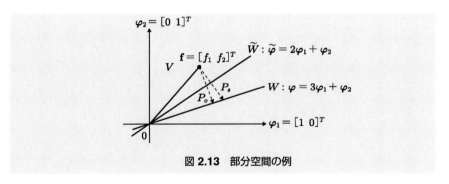

図 **2.13** 部分空間の例

［解］ $\boldsymbol{\varphi} = 2\boldsymbol{\varphi}_1 + \boldsymbol{\varphi}_2 = \begin{bmatrix} 3 & 1 \end{bmatrix}^T$, $\tilde{\boldsymbol{\varphi}} = 2\boldsymbol{\varphi}_1 + \boldsymbol{\varphi}_2 = \begin{bmatrix} 2 & 1 \end{bmatrix}^T$, なので，式 (2.38) および式 (2.40) より

$$P_o \mathbf{f} = \frac{\langle \mathbf{f}, \boldsymbol{\varphi} \rangle}{\langle \boldsymbol{\varphi}, \boldsymbol{\varphi} \rangle} \boldsymbol{\varphi} = \frac{1}{10} \begin{bmatrix} 9 & 3 \\ 3 & 1 \end{bmatrix} \begin{bmatrix} f_1 \\ f_2 \end{bmatrix} \tag{2.41}$$

および

$$P_s \mathbf{f} = \frac{\langle \mathbf{f}, \tilde{\boldsymbol{\varphi}} \rangle}{\langle \boldsymbol{\varphi}, \tilde{\boldsymbol{\varphi}} \rangle} \boldsymbol{\varphi} = \frac{1}{7} \begin{bmatrix} 6 & 3 \\ 2 & 1 \end{bmatrix} \begin{bmatrix} f_1 \\ f_2 \end{bmatrix} \tag{2.42}$$

となり，

$$P_o = \frac{1}{10} \begin{bmatrix} 9 & 3 \\ 3 & 1 \end{bmatrix} \tag{2.43}$$

$$P_s = \frac{1}{7} \begin{bmatrix} 6 & 3 \\ 2 & 1 \end{bmatrix} \tag{2.44}$$

となる．$P_o^2 = P_o, P_o^T = P_o$ および $P_s^2 = P_s$ を満たすことは確認できる． ∎

　信号 $\mathbf{f}$ に対する射影子は，信号処理の一種とみなせる．たとえば，理想 LPF による信号の高周波成分除去である．射影子は部分空間が与えられると求められる．図 2.14 に時間領域および周波数領域の概念図を示す．

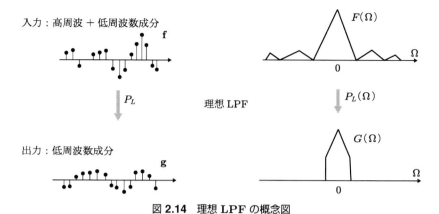

図 **2.14** 理想 LPF の概念図

第3章

信号の表現

本章では，前章までに述べたフーリエ解析および信号の基本事項をもとに，信号の展開表現における座標系の性質について考察する．ディジタル信号を対象にしているが，アナログ信号でも同様の議論が成り立つ．また，信号の次元と基底の数の関係，および基底関数系選択の自由度との関連性について述べる．

3.1 信号の座標系

　信号は，信号源から単独で発せられたり，複数の信号が重なり合ったりして観測されることがあるが，信号成分の和として表すことができる．基本単位の信号 $\varphi_i(t)$（**信号素**）を信号成分，係数 α_i を成分量として用いると，観測信号 $f(t)$ は，

$$f(t) = \alpha_1\varphi_1(t) + \alpha_2\varphi_2(t) + \cdots + \alpha_N\varphi_N(t) \tag{3.1}$$

と表される．なお，アナログ信号は $t \in R$ であるが，$t \in Z$（離散値）とするとディジタル信号にも当てはまる．

　1.4.2 項と同様に，信号素 $\varphi_i(t), i = 1, 2, \cdots, N$ は，任意の信号を表すための座標関数系（基底）とみなす．各基底の原点を共有するとき，ある座標系を用いた信号 $f(x)$ は図 3.1 のように表される．図 3.1 は，N 次元（N 軸）での概念図である．座標系を用いると，係数の組（係数ベクトル）$\alpha_i, i = 1, 2, \cdots, N$ は，N 次元空間において元の信号波形 $f(t)$ を表す点となる．式 (3.1) による基底を用いた分解と，図 3.1 のように信号を係数ベクトルに対応づける考え方が，今後の議論の基本となる．

　基底 $\varphi_i(t)$ を決定論的信号とするとき，係数ベクトル α_i の値が固定の値または時間の関数として定まっていれば $f(t)$ は決定論的信号となる．しかし，係数ベクトルの値が確率によって決まる場合には不規則信号として扱うことになる．

　信号処理の性能は，式 (3.1) の基底関数系（座標系）に左右されるため，座標系の選定は重要になる．座標系は無数（無限）に存在するので，ある信号に対し，所望の信号成分が容易に求められる座標系，雑音に強い座標系，分類に適した座標系などを，

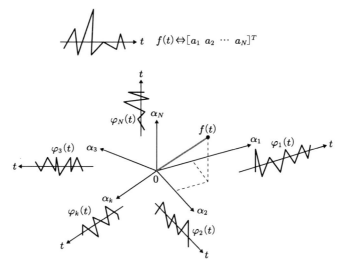

図 **3.1** 信号の座標系表現の概念図

目的に合わせて選択することが肝要である．以下，さまざまな展開表現についてみていこう．

3.2 信号の展開表現

3.2.1 正規直交展開

K 次元信号空間を張る K 個の基底からなる $K \times K$ サイズの基底行列

$$\boldsymbol{\varphi} = \begin{bmatrix} \boldsymbol{\varphi}_1 \ \boldsymbol{\varphi}_2 \ \cdots \ \boldsymbol{\varphi}_K \end{bmatrix} \tag{3.2}$$

を用いて信号 $\mathbf{f} = \begin{bmatrix} f_1 \ f_2 \cdots \ f_K \end{bmatrix}^T$ を表すと，

$$\mathbf{f} = \sum_{k=1}^{K} \alpha_k \boldsymbol{\varphi}_k \tag{3.3}$$

となる．（展開）係数ベクトル $\boldsymbol{\alpha} = \begin{bmatrix} \alpha_1 \ \alpha_2 \ \cdots \ \alpha_K \end{bmatrix}^T$ と式 (3.2) の基底行列を用いると，信号は，

$$\mathbf{f} = \boldsymbol{\varphi}\boldsymbol{\alpha} \tag{3.4}$$

と表せる．

基底 $\boldsymbol{\varphi}_k$ が，

$$\langle \boldsymbol{\varphi}_i, \boldsymbol{\varphi}_j \rangle = \boldsymbol{\varphi}_i^H \boldsymbol{\varphi}_j = \begin{cases} A, & i = j \\ 0, & i \neq j \end{cases} \tag{3.5}$$

を満たすとき，$\boldsymbol{\varphi}_k$ は直交基底であるといい，式 (3.5) の定数が $A = 1$ のとき**正規直交基底**という．

基底が正規直交のときは正規直交展開というが，信号の展開係数は内積により

$$\alpha_i = \langle \boldsymbol{\varphi}_i, \mathbf{f} \rangle, \quad i = 1, 2, \cdots, K \tag{3.6}$$

と表され，行列を用いると係数ベクトルは簡潔に

$$\boldsymbol{\alpha} = \begin{bmatrix} \langle \boldsymbol{\varphi}_1, \mathbf{f} \rangle \\ \langle \boldsymbol{\varphi}_2, \mathbf{f} \rangle \\ \vdots \\ \langle \boldsymbol{\varphi}_K, \mathbf{f} \rangle \end{bmatrix} = \begin{bmatrix} \boldsymbol{\varphi}_1^H \\ \boldsymbol{\varphi}_2^H \\ \vdots \\ \boldsymbol{\varphi}_K^H \end{bmatrix} \mathbf{f} = \begin{bmatrix} \boldsymbol{\varphi}_1 & \boldsymbol{\varphi}_2 & \cdots & \boldsymbol{\varphi}_K \end{bmatrix}^H \mathbf{f} = \boldsymbol{\varphi}^H \mathbf{f} \tag{3.7}$$

と表される．

式 (3.5) より，正規直交基底を構成要素とする式 (3.2) の行列に関して

$$\boldsymbol{\varphi} \boldsymbol{\varphi}^H = \boldsymbol{\varphi}^H \boldsymbol{\varphi} = \mathbf{I} \tag{3.8}$$

$$\boldsymbol{\varphi}^H = \boldsymbol{\varphi} \tag{3.9}$$

が成立する．$\mathbf{I}$ は $K \times K$ の単位行列である．

式 (3.8) および式 (3.9) を満たす実数値要素から構成される行列は**直交行列**，複素数値要素から構成される行列は**ユニタリ行列**である．

例題 3.1
図 3.2 に示す 2 組の正規直交基底を用いて任意の信号を表しなさい．

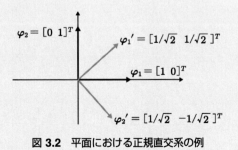

$\boldsymbol{\varphi}_2 = [0 \ 1]^T$
$\boldsymbol{\varphi}_1' = [1/\sqrt{2} \ \ 1/\sqrt{2}]^T$
$\boldsymbol{\varphi}_1 = [1 \ 0]^T$
$\boldsymbol{\varphi}_2' = [1/\sqrt{2} \ \ -1/\sqrt{2}]^T$

図 3.2 平面における正規直交系の例

[**解**] 任意の信号を $\mathbf{f} = \begin{bmatrix} a & b \end{bmatrix}^T$ とする．自然基底の例では，

$$\boldsymbol{\varphi} = \begin{bmatrix} \boldsymbol{\varphi}_1 & \boldsymbol{\varphi}_2 \end{bmatrix} = \begin{bmatrix} \begin{bmatrix} 1 \\ 0 \end{bmatrix} & \begin{bmatrix} 0 \\ 1 \end{bmatrix} \end{bmatrix} = \begin{bmatrix} 1 & 0 \\ 0 & 1 \end{bmatrix} \tag{3.10}$$

となるので，係数ベクトルは，式 (3.7) より

$$\boldsymbol{\alpha} = \boldsymbol{\varphi}^H \mathbf{f} = \begin{bmatrix} a \\ b \end{bmatrix} \tag{3.11}$$

となり，45 度回転の正規直交基底の例では

$$\boldsymbol{\varphi}' = \begin{bmatrix} \boldsymbol{\varphi}'_1 & \boldsymbol{\varphi}'_2 \end{bmatrix} = \begin{bmatrix} \begin{bmatrix} 1/\sqrt{2} \\ 1/\sqrt{2} \end{bmatrix} & \begin{bmatrix} 1/\sqrt{2} \\ -1/\sqrt{2} \end{bmatrix} \end{bmatrix} = \frac{1}{\sqrt{2}} \begin{bmatrix} 1 & 1 \\ 1 & -1 \end{bmatrix} \tag{3.12}$$

となるので，係数ベクトルは，式 (3.7) より

$$\boldsymbol{\alpha}' = \boldsymbol{\varphi}'^H \mathbf{f} = \frac{1}{\sqrt{2}} \begin{bmatrix} a+b \\ a-b \end{bmatrix} \tag{3.13}$$

正規直交展開は，

$$\mathbf{f} = a\boldsymbol{\varphi}_1 + b\boldsymbol{\varphi}_2 = \frac{1}{\sqrt{2}}(a+b)\boldsymbol{\varphi}'_1 + \frac{2}{\sqrt{2}}(a-b)\boldsymbol{\varphi}'_2 \tag{3.14}$$

となる．

次に，基底の数（次元）を N としたとき，任意の K 次元信号 $\mathbf{f}$ と係数ベクトルのノルムの関係について検討する．ただし，$N \leq K$ とする．両者には，**ベッセルの不等式**

$$\sum_{i \in N} |\langle \mathbf{f}, \boldsymbol{\varphi}_i \rangle|^2 \leq \|\mathbf{f}\|^2 \tag{3.15}$$

が成立する．$N = K$ が成立する場合は**パーセバルの等式**といい，

$$\|\boldsymbol{\alpha}\|^2 = \sum_{i \in K} |\langle \mathbf{f}, \boldsymbol{\varphi}_i \rangle|^2 = \|\mathbf{f}\|^2 \tag{3.16}$$

と表される．式 (3.16) の総和値は信号 $\mathbf{f}$ の要素の 2 乗和であり，係数ベクトル $\boldsymbol{\alpha}$ の要素の 2 乗和でもある．信号値を電圧値とみなすと，電圧の 2 乗和は，単位抵抗で消費される電力の総和である信号エネルギーを表す．パーセバルの等式は，係数ベクトルのノルムの 2 乗，すなわちエネルギーが展開表現においても保存されることを意味し，これは信号処理においては有用となる．等式が成立するのは信号空間の次元と基底数が等しいときであり，このとき空間（基底）は完備となる．

K 次元信号空間では，K 個の線形独立な信号系があれば基底を構成できる．しかし，無限次元信号に対しては，有限個あるいは無限個からなる信号系が線形独立であって

も信号空間内の任意の信号が表現できず，基底とならない場合があることに注意する．

3.2.2 双直交展開

正規直交条件を満たさない基底による信号の展開を検討しよう．**非直交系**による任意の展開表現は，双対な基底を用いて直交基底の場合と同様に扱うことができる．以下に，双対基底による展開表現を示す．

K 次元信号 $\mathbf{f}$ を

$$\mathbf{f} = \sum_{k=1}^{K} \alpha_k \boldsymbol{\varphi}_k = \boldsymbol{\varphi}\boldsymbol{\alpha} \tag{3.17}$$

$$\mathbf{f} = \sum_{k=1}^{K} \beta_k \tilde{\boldsymbol{\varphi}}_k = \tilde{\boldsymbol{\varphi}}\boldsymbol{\beta} \tag{3.18}$$

のように 2 種類の展開表現で表す．

式 (3.18) の基底 $\tilde{\boldsymbol{\varphi}}_k$ を**双対基底**（あるいは**相反基底**）というが，

$$\langle \tilde{\boldsymbol{\varphi}}_i, \boldsymbol{\varphi}_j \rangle = \delta_{ij} = \begin{cases} 1, & i = j \\ 0, & i \neq j \end{cases} \tag{3.19}$$

を満たすとき，式 (3.17) を**正規双直交展開**という．式 (3.19) より，基底 $\boldsymbol{\varphi}_i$ と双対基底 $\tilde{\boldsymbol{\varphi}}_i$ は正規直交関係にあるので，展開係数は

$$\alpha_i = \langle \tilde{\boldsymbol{\varphi}}_i, \mathbf{f} \rangle, \quad i = 1, 2, \cdots, K \tag{3.20}$$

の内積で表され，行列で表すと式 (3.7) と同様，

$$\boldsymbol{\alpha} = \tilde{\boldsymbol{\varphi}}^H \mathbf{f} \tag{3.21}$$

となる．ただし，

$$\tilde{\boldsymbol{\varphi}} = \begin{bmatrix} \tilde{\boldsymbol{\varphi}}_1 & \tilde{\boldsymbol{\varphi}}_2 & \cdots & \tilde{\boldsymbol{\varphi}}_K \end{bmatrix} \tag{3.22}$$

とする．双対な正規双直交展開の展開係数は

$$\beta_i = \langle \boldsymbol{\varphi}_i, \mathbf{f} \rangle, \quad i = 1, 2, \cdots, K \tag{3.23}$$

となり，

$$\boldsymbol{\beta} = \boldsymbol{\varphi}^H \mathbf{f} \tag{3.24}$$

と表される．

双対基底行列と基底行列に関しては

$$\boldsymbol{\varphi}\tilde{\boldsymbol{\varphi}}^H = \tilde{\boldsymbol{\varphi}}^H \boldsymbol{\varphi} = \mathbf{I} \tag{3.25}$$

$$\tilde{\boldsymbol{\varphi}}^H = \boldsymbol{\varphi}^{-1} \tag{3.26}$$

の関係が成り立つ．基底は線形独立なので，式 (3.26) の**逆行列**は常に存在する．

なお，正規直交系で成立したパーセバルの関係式については，

$$\|\boldsymbol{\alpha}\|^2 = \sum_{i \in K} |\langle \mathbf{f}, \tilde{\boldsymbol{\varphi}}_i \rangle|^2 \neq \|\mathbf{f}\|^2 \tag{3.27}$$

$$\|\boldsymbol{\beta}\|^2 = \sum_{i \in K} |\langle \mathbf{f}, \boldsymbol{\varphi}_i \rangle|^2 \neq \|\mathbf{f}\|^2 \tag{3.28}$$

のように双直交系では成立しない．

基底とする信号波形を選ぶ際，正規直交基底のように直交性をもつ基底が選ばれることは多い．しかし，式 (3.5) に示した基底間の直交性条件を外せば，いろいろな形で自由度が生まれる．たとえば，対称性をもつ信号を基底とする展開表現が可能になる．

例題 3.2
図 3.3 に示す正規双直交基底を用いて任意の信号を表しなさい．

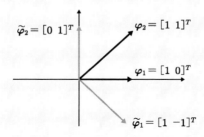

図 3.3 平面における正規双直交系の例

［解］ 任意の信号を $\mathbf{f} = \begin{bmatrix} a & b \end{bmatrix}^T$ とする．図 3.3 により，基底行列は

$$\boldsymbol{\varphi} = \begin{bmatrix} \boldsymbol{\varphi}_1 & \boldsymbol{\varphi}_2 \end{bmatrix} = \begin{bmatrix} \begin{bmatrix} 1 \\ 0 \end{bmatrix} & \begin{bmatrix} 1 \\ 1 \end{bmatrix} \end{bmatrix} = \begin{bmatrix} 1 & 1 \\ 0 & 1 \end{bmatrix} \tag{3.29}$$

となる．双対基底行列は式 (3.25) を満たし直交行列ではないので，式 (3.29) の逆行列により求められる $\tilde{\boldsymbol{\varphi}}^H$ を用いて

$$\tilde{\boldsymbol{\varphi}} = \begin{bmatrix} \tilde{\boldsymbol{\varphi}}_1 & \tilde{\boldsymbol{\varphi}}_2 \end{bmatrix} = \begin{bmatrix} \begin{bmatrix} 1 \\ -1 \end{bmatrix} & \begin{bmatrix} 0 \\ 1 \end{bmatrix} \end{bmatrix} = \begin{bmatrix} 1 & 0 \\ -1 & 1 \end{bmatrix} \tag{3.30}$$

と表される．係数ベクトルは式 (3.21) および式 (3.24) より，

$$\boldsymbol{\alpha} = \tilde{\boldsymbol{\varphi}}^H \mathbf{f} = \begin{bmatrix} a - b \\ b \end{bmatrix} \tag{3.31}$$

$$\boldsymbol{\beta} = \boldsymbol{\varphi}^H \mathbf{f} = \begin{bmatrix} a \\ a + b \end{bmatrix} \tag{3.32}$$

となり，双直交展開は

$$\mathbf{f} = (a - b)\boldsymbol{\varphi}_1 + b\boldsymbol{\varphi}_2 = a\tilde{\boldsymbol{\varphi}}_1 + (a + b)\tilde{\boldsymbol{\varphi}}_2 \tag{3.33}$$

となる．式 (3.33) ではパーセバルの等式は成立しないことは容易に確認できる．　█

3.2.3　フレーム展開

　次に，双対基底よりさらに自由度の高いフレームを用いた展開表現について説明する．まず，信号系がフレームを構成する条件を示す．

　信号空間のすべての信号に対して

$$A\|\mathbf{f}\|^2 \leq \sum_{i \in N} |\langle \mathbf{f}, \boldsymbol{\varphi}_i \rangle|^2 \leq B\|\mathbf{f}\|^2 \tag{3.34}$$

が成立するとき，信号系 $\{\boldsymbol{\varphi}_i | i = 1, 2, \cdots, N\}$ をフレームといい，A, B $(0 < A \leq B < \infty)$ をフレームバウンド（フレーム境界）という[†]．

　K 次元信号を

$$\mathbf{f} = \sum_{k=1}^{N} \alpha_k \boldsymbol{\varphi}_k = \boldsymbol{\varphi}\boldsymbol{\alpha} \tag{3.35}$$

$$\boldsymbol{\varphi} = \begin{bmatrix} \boldsymbol{\varphi}_1 & \boldsymbol{\varphi}_2 & \cdots & \boldsymbol{\varphi}_N \end{bmatrix} \tag{3.36}$$

のようにフレームで構成される $K \times N$ のフレーム行列 $\boldsymbol{\varphi}$ を用いて表現する．なお，$N > K$ であり，$N = K$ の場合（基底）より過剰な数の信号系を用いることに注意をする．

　フレームと双対な関係にある双対フレームを用いると，信号は

$$\mathbf{f} = \sum_{k=1}^{N} \beta_k \tilde{\boldsymbol{\varphi}}_k = \tilde{\boldsymbol{\varphi}}\boldsymbol{\beta} \tag{3.37}$$

$$\tilde{\boldsymbol{\varphi}} = \begin{bmatrix} \tilde{\boldsymbol{\varphi}}_1 & \tilde{\boldsymbol{\varphi}}_2 & \cdots & \tilde{\boldsymbol{\varphi}}_N \end{bmatrix} \tag{3.38}$$

[†] 式 (3.34) の不等式の範囲（枠：フレーム）で設定した信号系をフレームとよぶ．信号を表現するための枠組みとなることから，このようによばれる．

と表せる. $\tilde{\boldsymbol{\varphi}}$ は $K \times N$ サイズの**双対フレーム行列**である. 各係数ベクトルは,

$$\boldsymbol{\alpha} = \tilde{\boldsymbol{\varphi}}^H \mathbf{f} \tag{3.39}$$

$$\boldsymbol{\beta} = \boldsymbol{\varphi}^H \mathbf{f} \tag{3.40}$$

となる. フレーム行列と双対フレーム行列との間には,

$$\boldsymbol{\varphi}\tilde{\boldsymbol{\varphi}}^H = \tilde{\boldsymbol{\varphi}}\boldsymbol{\varphi}^H = \mathbf{I}_{K \times K} \tag{3.41}$$

$$\tilde{\boldsymbol{\varphi}}^H \boldsymbol{\varphi} \neq \mathbf{I}_{N \times K} \tag{3.42}$$

の関係式が成り立つ†.

例題 **3.3**
図 3.4 に示すフレームを用いて任意の信号を表しなさい.

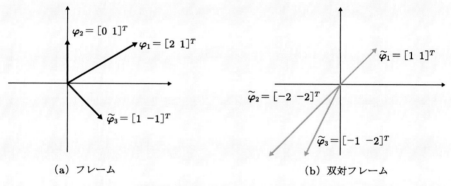

(a) フレーム   (b) 双対フレーム

図 3.4 平面におけるフレーム系の例

[**解**] 図 3.4 の三つのフレーム間には,

$$\boldsymbol{\varphi}_1 = 3\boldsymbol{\varphi}_2 + 2\boldsymbol{\varphi}_3 \tag{3.43}$$

が成立する従属な信号系である. 式 (3.36) よりフレーム行列は,

$$\boldsymbol{\varphi} = \begin{bmatrix} \boldsymbol{\varphi}_1 & \boldsymbol{\varphi}_2 & \boldsymbol{\varphi}_3 \end{bmatrix} = \begin{bmatrix} \begin{bmatrix} 2 \\ 1 \end{bmatrix} & \begin{bmatrix} 0 \\ 1 \end{bmatrix} & \begin{bmatrix} 1 \\ -1 \end{bmatrix} \end{bmatrix} = \begin{bmatrix} 2 & 0 & 1 \\ 1 & 1 & -1 \end{bmatrix} \tag{3.44}$$

となり, 双対フレーム行列のある一つの解は,

$$\tilde{\boldsymbol{\varphi}} = \begin{bmatrix} \tilde{\boldsymbol{\varphi}}_1 & \tilde{\boldsymbol{\varphi}}_2 & \tilde{\boldsymbol{\varphi}}_3 \end{bmatrix} = \begin{bmatrix} \begin{bmatrix} 1 \\ 1 \end{bmatrix} & \begin{bmatrix} -2 \\ -2 \end{bmatrix} & \begin{bmatrix} -1 \\ -2 \end{bmatrix} \end{bmatrix} = \begin{bmatrix} 1 & -2 & -1 \\ 1 & -2 & -2 \end{bmatrix} \neq \boldsymbol{\varphi} \tag{3.45}$$

---

† 式 (3.41) は長方行列間で逆行列の関係になっている. このような一般逆行列（擬似逆行列）と係数解の関係については第 4 章で説明する.

と表される（式 (3.41) を満たすことは容易に確認できる）.

任意の信号を $\mathbf{f} = \begin{bmatrix} a & b \end{bmatrix}^T$ とすると，式 (3.39) および式 (3.40) から係数ベクトルが求められ，**フレーム展開**および双対フレーム展開は，

$$\begin{aligned} \mathbf{f} &= (a+b)\boldsymbol{\varphi}_1 - 2(a+b)\boldsymbol{\varphi}_2 - (a+2b)\boldsymbol{\varphi}_3 \\ &= (2a+b)\tilde{\boldsymbol{\varphi}}_1 + b\tilde{\boldsymbol{\varphi}}_2 + (a-b)\tilde{\boldsymbol{\varphi}}_3 \end{aligned} \tag{3.46}$$

と表される. ∎

次に，式 (3.44) のフレームに対して，次式の双対フレームを検討する（式 (3.41) を満たすことは容易に確認できる）.

$$\tilde{\boldsymbol{\varphi}}' = \begin{bmatrix} \tilde{\boldsymbol{\varphi}}'_1 & \tilde{\boldsymbol{\varphi}}'_2 & \tilde{\boldsymbol{\varphi}}'_3 \end{bmatrix} = \begin{bmatrix} \begin{bmatrix} 1 \\ 0 \end{bmatrix} & \begin{bmatrix} -2 \\ 1 \end{bmatrix} & \begin{bmatrix} -1 \\ 0 \end{bmatrix} \end{bmatrix} = \begin{bmatrix} 1 & -2 & -1 \\ 0 & 1 & 0 \end{bmatrix} \tag{3.47}$$

式 (3.47) を用いて係数を求めると，フレーム展開は，

$$\mathbf{f} = \alpha'_1\boldsymbol{\varphi}_1 + \alpha'_2\boldsymbol{\varphi}_2 + \alpha'_3\boldsymbol{\varphi}_3 = a\boldsymbol{\varphi}_1 - (2a-b)\boldsymbol{\varphi}_2 - a\boldsymbol{\varphi}_3 \tag{3.48}$$

と表される. さらに，別の双対フレームとして，

$$\tilde{\boldsymbol{\varphi}}'' = \begin{bmatrix} \tilde{\boldsymbol{\varphi}}''_1 & \tilde{\boldsymbol{\varphi}}''_2 & \tilde{\boldsymbol{\varphi}}''_3 \end{bmatrix} = \begin{bmatrix} \begin{bmatrix} -1 \\ 0 \end{bmatrix} & \begin{bmatrix} 4 \\ 1 \end{bmatrix} & \begin{bmatrix} 3 \\ 0 \end{bmatrix} \end{bmatrix} = \begin{bmatrix} -1 & 4 & 3 \\ 0 & 1 & 0 \end{bmatrix} \tag{3.49}$$

を用いると，

$$\mathbf{f} = \alpha''_1\boldsymbol{\varphi}_1 + \alpha''_2\boldsymbol{\varphi}_2 + \alpha''_3\boldsymbol{\varphi}_3 = b\boldsymbol{\varphi}_1 + (a-2b)\boldsymbol{\varphi}_2 + (a-2b)\boldsymbol{\varphi}_3 \tag{3.50}$$

と表される. いずれも同一フレームを用いた同じ信号の展開であるが，無数の異なる係数ベクトルが解として存在する.

式 (3.46) のフレーム展開の係数ベクトルは

$$\boldsymbol{\alpha} = \begin{bmatrix} \alpha_1 \\ \alpha_2 \\ \alpha_3 \end{bmatrix} = \begin{bmatrix} a+b \\ -2a-2b \\ -a-2b \end{bmatrix} \tag{3.51}$$

であるが，係数ベクトルをこのまま固定して，次式のフレーム

$$\boldsymbol{\varphi}' = \begin{bmatrix} \boldsymbol{\varphi}'_1 & \boldsymbol{\varphi}'_2 & \boldsymbol{\varphi}'_3 \end{bmatrix} = \begin{bmatrix} \begin{bmatrix} 4 \\ 1 \end{bmatrix} & \begin{bmatrix} 1 \\ 1 \end{bmatrix} & \begin{bmatrix} 1 \\ -1 \end{bmatrix} \end{bmatrix} = \begin{bmatrix} 4 & 1 & 1 \\ 1 & 1 & -1 \end{bmatrix} \tag{3.52}$$

$$\boldsymbol{\varphi}'' = \begin{bmatrix} \boldsymbol{\varphi}''_1 & \boldsymbol{\varphi}''_2 & \boldsymbol{\varphi}''_3 \end{bmatrix} = \begin{bmatrix} \begin{bmatrix} 0 \\ 1 \end{bmatrix} & \begin{bmatrix} -1 \\ 1 \end{bmatrix} & \begin{bmatrix} 1 \\ -1 \end{bmatrix} \end{bmatrix} = \begin{bmatrix} 0 & -1 & 1 \\ 1 & 1 & -1 \end{bmatrix} \tag{3.53}$$

で展開する．この場合，すべてのフレームで，

$$
\begin{aligned}
\mathbf{f} &= \alpha_1 \boldsymbol{\varphi}_1 + \alpha_2 \boldsymbol{\varphi}_2 + \alpha_3 \boldsymbol{\varphi}_3 \\
&= \alpha_1 \boldsymbol{\varphi}_1' + \alpha_2 \boldsymbol{\varphi}_2' + \alpha_3 \boldsymbol{\varphi}_3' \\
&= \alpha_1 \boldsymbol{\varphi}_1'' + \alpha_2 \boldsymbol{\varphi}_2'' + \alpha_3 \boldsymbol{\varphi}_3''
\end{aligned} \tag{3.54}
$$

のように同一係数を用いてフレーム展開できる．

以上のように，フレーム展開表現が，基底展開表現と大きく異なる特徴として，

$$
\mathbf{f} = \sum_{k=1}^{N} \alpha_k \boldsymbol{\varphi}_k = \sum_{k=1}^{N} \alpha_k' \boldsymbol{\varphi}_k = \sum_{k=1}^{N} \alpha_k'' \boldsymbol{\varphi}_k = \cdots \tag{3.55}
$$

のように同一のフレームに対して無数の係数ベクトル組が存在することや，

$$
\mathbf{f} = \sum_{k=1}^{N} \alpha_k \boldsymbol{\varphi}_k = \sum_{k=1}^{N} \alpha_k \boldsymbol{\varphi}_k' = \sum_{k=1}^{N} \alpha_k \boldsymbol{\varphi}_k'' = \cdots \tag{3.56}
$$

のように，同一の係数ベクトルに対して無数のフレーム展開表現が存在することがわかる．以下の例で示すように，過剰な信号系がもつ性質は，信号表現に頑強性を与えることができる．なお，フレームは，**過剰系**，**冗長系**などともよばれている．

3.2.4 タイトフレーム展開

本項では，**タイトフレーム**を用いた展開表現について説明する．タイトフレームはフレームの一種であるが，フレーム境界が $A = B$ となる場合で，このとき式 (3.34) は

$$
\sum_{i \in N} |\langle \mathbf{f}, \boldsymbol{\varphi}_i \rangle|^2 = A \|\mathbf{f}\|^2 \tag{3.57}
$$

と表される．式 (3.57) を満たすノルム 1 のタイトフレームを用いた展開は

$$
\mathbf{f} = \frac{1}{A} \sum_{k=1}^{N} \alpha_k \boldsymbol{\varphi}_k \tag{3.58}
$$

と表される．フレーム境界 A は，過剰フレームの冗長度を表す．

タイトフレームでは，双対フレームを用いることで，係数ベクトルは

$$
\boldsymbol{\alpha} = \boldsymbol{\varphi}^H \mathbf{f} \tag{3.59}
$$

と表される．双対フレームはフレームと同一になることに注意する．

すなわち，タイトフレーム行列は，

$$\varphi\varphi^H = \varphi\varphi^H = \frac{1}{A}\mathbf{I}_{K \times K} \tag{3.60}$$

$$\varphi^H\varphi \neq \mathbf{I}_{N \times N} \tag{3.61}$$

を満たす.

このように,タイトフレームでは,式 (3.41) を満たす双対フレーム行列がフレーム行列の共役転置となるので逆行列として求めなくても済む.この点では,直交系の係数を求める方法と類似している.しかし,式 (3.8) の基底行列は $K \times K$ の正方行列であるが,フレーム行列の場合には,$K \times N$ ($N > K$) の長方行列であることが異なる.さらに,単位行列が $1/A$ 倍されること,および式 (3.61) が単位行列にならないことも異なる.

例題 3.4
図 3.5 に示すタイトフレームを用いて任意の信号を表しなさい.

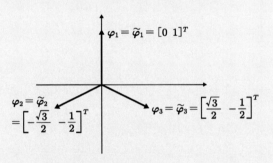

図 3.5 平面におけるタイトフレーム系の例

[**解**] 図 3.5 より,タイトフレーム行列および双対タイトフレーム行列は,

$$\varphi = \begin{bmatrix} \varphi_1 & \varphi_2 & \varphi_3 \end{bmatrix} = \begin{bmatrix} \begin{bmatrix} 0 \\ 1 \end{bmatrix} & \begin{bmatrix} -\sqrt{3}/2 \\ -1/2 \end{bmatrix} & \begin{bmatrix} \sqrt{3}/2 \\ -1/2 \end{bmatrix} \end{bmatrix} = \begin{bmatrix} 0 & -\sqrt{3}/2 & \sqrt{3}/2 \\ 1 & -1/2 & -1/2 \end{bmatrix} = \tilde{\varphi} \tag{3.62}$$

となる.

任意の信号を $\mathbf{f} = \begin{bmatrix} a & b \end{bmatrix}^T$ とすると,式 (3.59) から係数ベクトルが求められ,タイトフレーム展開は

$$\mathbf{f} = \frac{2}{3}\left\{ b\varphi_1 - \frac{1}{2}(\sqrt{3}a + b)\varphi_2 + \frac{1}{2}(\sqrt{3}a - b)\varphi_3 \right\} \tag{3.63}$$

と表され,冗長度は,

$$A = \frac{3}{2} \tag{3.64}$$

となる.

次に, フレーム展開の性質を基底と比較する.

例題 3.5
(タイト) フレーム展開は, 雑音に頑強な性質をもつことを示しなさい.

[**解**] 平均がゼロ, 分散 σ^2 の白色雑音

$$E[w_i] = 0, \quad E[w_j w_k] = \begin{cases} \sigma^2, & j = k \\ 0, & j \neq k \end{cases} \tag{3.65}$$

が信号 $\mathbf{f}$ に加わることを仮定して, 検証する.

式 (3.3) の正規直交基底と式 (3.58) のタイトフレーム (ノルム 1) に対して, 式 (3.65) の白色雑音が係数に印加されたとし, そのときの無雑音の信号展開との誤差を比べる. $\mathbf{f}_w$ を雑音が加わった信号とすると, 正規直交展開では

$$\mathbf{f} - \mathbf{f}_w = \sum_{k=1}^{K} \langle \boldsymbol{\varphi}_k, \mathbf{f} \rangle \boldsymbol{\varphi}_k - \sum_{k=1}^{K} (\langle \boldsymbol{\varphi}_k, \mathbf{f} \rangle + w_k) \boldsymbol{\varphi}_k = -\sum_{k=1}^{K} w_k \boldsymbol{\varphi}_k \tag{3.66}$$

と表され, タイトフレーム展開では

$$\mathbf{f} - \mathbf{f}_w = A^{-1} \sum_{k=1}^{N} \langle \boldsymbol{\varphi}_k, \mathbf{f} \rangle \boldsymbol{\varphi}_k - A^{-1} \sum_{k=1}^{N} (\langle \boldsymbol{\varphi}_k, \mathbf{f} \rangle + w_k) \boldsymbol{\varphi}_k$$

$$= -A^{-1} \sum_{k=1}^{N} w_k \boldsymbol{\varphi}_k \tag{3.67}$$

と表される. 2 乗誤差の平均は, 正規直交基底では

$$E_O = E[\|\mathbf{f} - \mathbf{f}_w\|^2] = E\left[\left\| -\sum_{k=1}^{K} w_k \boldsymbol{\varphi}_k \right\|^2\right] = \sigma^2 \sum_{k=1}^{K} \|\boldsymbol{\varphi}_i\|^2 = K\sigma^2 \tag{3.68}$$

となり, タイトフレームでは,

$$E_F = E[\|\mathbf{f} - \mathbf{f}_w\|^2] = E\left[\left\| -A^{-1} \sum_{k=1}^{N} w_k \boldsymbol{\varphi}_k \right\|^2\right] = A^{-2}\sigma^2 \sum_{k=1}^{N} \|\boldsymbol{\varphi}_k\|^2$$

$$= A^{-2} N\sigma^2 \tag{3.69}$$

となる．したがって，

$$E_F = \frac{N}{A^2 K} E_O \tag{3.70}$$

を得る．たとえば，**例題 3.4** の例では，$A = 3/2, N = 3, K = 2$ なので，$E_F = (2/3)E_O$ のようにフレームの方が誤差の平均値は小さく，雑音に強い表現である．

例題 3.6

（タイト）フレーム展開は，係数喪失に対して頑強な性質をもつことを示しなさい．

[**解**] **例題 3.4** において，式 (3.63) よりタイトフレーム展開は

$$\mathbf{f} = \frac{2}{3}(\langle \boldsymbol{\varphi}_1, \mathbf{f} \rangle \boldsymbol{\varphi}_1 + \langle \boldsymbol{\varphi}_2, \mathbf{f} \rangle \boldsymbol{\varphi}_2 + \langle \boldsymbol{\varphi}_3, \mathbf{f} \rangle \boldsymbol{\varphi}_3)$$

$$= \frac{2}{3}b\boldsymbol{\varphi}_1 - \frac{1}{3}(\sqrt{3}a + b)\boldsymbol{\varphi}_2 + \frac{1}{3}(\sqrt{3}a - b)\boldsymbol{\varphi}_3 = \begin{bmatrix} a \\ b \end{bmatrix} \tag{3.71}$$

のように表される．

たとえ式 (3.71) の第 2 項目の係数ベクトルを喪失（$\frac{2}{3}\langle \boldsymbol{\varphi}_2, \mathbf{f} \rangle = 0$ とする）したとしても，元信号は，残りの係数 $\frac{2}{3}\langle \boldsymbol{\varphi}_1, \mathbf{f} \rangle$ および $\frac{2}{3}\langle \boldsymbol{\varphi}_3, \mathbf{f} \rangle$ を用いて

$$\mathbf{f} = \frac{2}{3}\langle \boldsymbol{\varphi}_1, \mathbf{f} \rangle \tilde{\boldsymbol{\varphi}}_1 + \frac{2}{3}\langle \boldsymbol{\varphi}_3, \mathbf{f} \rangle \tilde{\boldsymbol{\varphi}}_3 = \frac{2}{3}b\tilde{\boldsymbol{\varphi}}_1 + \frac{1}{3}(\sqrt{3}a - b)\tilde{\boldsymbol{\varphi}}_3 = \begin{bmatrix} a \\ b \end{bmatrix} \tag{3.72}$$

と復元することができる．ただし，この場合の双対フレームは

$$\tilde{\boldsymbol{\varphi}} = \begin{bmatrix} \tilde{\boldsymbol{\varphi}}_1 & \tilde{\boldsymbol{\varphi}}_3 \end{bmatrix} = \begin{bmatrix} \frac{3}{2} \begin{bmatrix} \frac{1}{\sqrt{3}} \\ 1 \end{bmatrix} \end{bmatrix} \begin{bmatrix} \sqrt{3} \\ 0 \end{bmatrix} = \begin{bmatrix} \sqrt{3}/2 & \sqrt{3} \\ 3/2 & 0 \end{bmatrix} \tag{3.73}$$

である．基底展開では，各基底が線形独立なので，式 (3.72) のように元の信号を他の基底で表すことはできない．このようにフレーム展開は，係数喪失に対しても頑強な表現であることがわかる．

3.2.5　展開表現のまとめ

以上のように，信号の展開表現は，直交系，双直交系，過剰系（冗長系）の 3 種類に大別できる．ディジタル信号の場合，信号の次元 K と信号系の個数 N に応じて，表 3.1 のようにまとめることができる．

表 3.1 において，$\boldsymbol{\varphi}\tilde{\boldsymbol{\varphi}}^H = \tilde{\boldsymbol{\varphi}}^H \boldsymbol{\varphi}$ が成立する行列は**正規行列**といわれるが，$\boldsymbol{\varphi}\boldsymbol{\varphi}^H =$

表 **3.1** 直交基底，双直交基底およびフレーム

信号系と性質	名称	信号系行列の条件	双対系
正規直交系，線形独立	直交基底 $(K = N)$	正方行列 $(K \times K)$ 正規行列（直交行列，ユニタリ行列） $\varphi\varphi^H = \varphi^H\varphi = \mathbf{I}$　　$\varphi^H = \varphi$	$\tilde{\varphi}^H = \varphi^{-1}$ $= \varphi = \varphi^H$
正規双直交系，線形独立	双直交基底 $(K = N)$	正方行列 $(K \times K)$ 正規行列（正則行列） $\varphi\tilde{\varphi}^H = \tilde{\varphi}^H\varphi = \mathbf{I}$　　$\tilde{\varphi}^H = \varphi^{-1}$	$\tilde{\varphi}^H = \varphi^{-1}$ $\neq \varphi \neq \varphi^H$
過剰系，線形従属	フレーム $(K < N)$	長方行列 $(K \times N)$ 非正規行列 $\varphi\tilde{\varphi}^H = \tilde{\varphi}\varphi^H = \mathbf{I}_{K \times K}$ $\tilde{\varphi}^H\varphi \neq \mathbf{I}_{N \times N}$　　$\varphi^H\tilde{\varphi} \neq \mathbf{I}_{N \times N}$	$\tilde{\varphi}^H = \varphi^{-1}$
過剰系，線形従属	タイトフレーム $(K < N)$	長方行列 $(K \times N)$ 非正規行列 $\varphi\varphi^H = \varphi\varphi^H = A^{-1}\mathbf{I}_{K \times K}$ $\varphi^H\varphi \neq \mathbf{I}_{N \times N}$　　$\varphi^H\varphi \neq \mathbf{I}_{N \times N}$	$\tilde{\varphi}^H = \varphi^{-1}$ $= \varphi = \varphi^H$

$\varphi^H\varphi = \mathbf{I}$ を満たすユニタリ行列や直交行列も正規行列の一種である．さらに，エルミット行列 $\varphi^H = \varphi$，実対称行列 $\varphi^T = \varphi$ も正規行列である．

また，双対な信号系の間には，$\varphi\tilde{\varphi}^H = \mathbf{I} \Rightarrow (\varphi\tilde{\varphi}^H)^H = \tilde{\varphi}\varphi^H = I^H = I$ という関係が存在することになる．しかし，フレームでは $\tilde{\varphi}^H\varphi \neq \mathbf{I}_{N \times N}$ となり，行列を交換しても単位行列にはならないことに注意をする．なお，逆行列が唯一存在する行列は，**正則行列**という．

過剰系（フレーム）の特徴は，必要最小限より多い信号系を用いるが，その冗長性のために雑音や量子化に対しても頑強な性質をもつということである．帯域制限されたアナログ信号をサンプリングするとき，サンプリング間隔を最大に選ぶと効率的に離散化ができる．ここで，あえてサンプリング間隔をより小さくするオーバーサンプリングは，過剰系による表現である．この場合も，雑音に対しての耐性やアナログ信号へ復元するときの**低域通過フィルタ**の設計仕様に多くの自由度を与える効果をもつ．

一方，直交系は，効率的であり，係数ベクトルを得ることが容易である長所をもつ．とくに，正規直交系は，パーセバルの定理が成立し，また，信号系を逐次増加させることで誤差が減少するため，逐次近似が可能なことも特徴とする．

信号の次元 K，基底の個数（N 次元）の他にも，重要な次元数として基底信号次元があり，K より小さい場合については，誤差が生じるため近似の議論が必要になる．この問題については次章で扱う．

信号系を得るための手法は種々提案されているが，たとえば，まず一つの信号を設計し，それをプロトタイプとして用いる．次に，それを時間軸上で移動，周波数軸上

で移動（変調），あるいはスケール変換を施すなどして信号系を構成する方法が知られている．

3.2.6 直交化法

ここまで，過剰系と直交系とを比較しながら説明してきた．本項では，最初に過剰系が与えられており，その信号を直交系で展開表現し直す際の注意点を述べる．

N 個の K 次元信号系を並べた $K \times N$ の行列を

$$\varphi = \begin{bmatrix} \varphi_1 & \varphi_2 & \cdots & \varphi_N \end{bmatrix} \tag{3.74}$$

とする．$K < N$ であれば，フレーム展開することは可能である．しかし，これは過剰系なので，あるフレームを他のフレームの線形結合で表すことで，$K = N$ になるまで過剰なフレーム数を削減することは可能である．得られた信号系が線形独立であれば，双直交基底になる．線形独立か否かの判定方法として，行列 φ の次元が K，あるいは，逆行列が存在するかを標準的な方法で調べる．

さらに，双直交基底から直交化の手段により直交基底を得ることができる．線形独立な信号系 $\{\varphi_1, \varphi_2, \cdots, \varphi_N\}$ から，新たな正規直交系 $\{\mathbf{u}_1, \mathbf{u}_2, \cdots, \mathbf{u}_N\}$ を，以下に示す**グラム・シュミットの直交化法**により構成することができる．

[グラム・シュミットの直交化]

Step 1　1 個目の正規直交関数を得る．

$$\mathbf{v}_1 = \varphi_1, \quad \mathbf{u}_1 = \frac{1}{\|\mathbf{v}_1\|}\mathbf{v}_1 \tag{3.75}$$

Step 2　2 個目の正規直交関数を得る．

$$\mathbf{v}_2 = \varphi_2 - \langle \varphi_2, \mathbf{u}_1 \rangle \mathbf{u}_1, \quad \mathbf{u}_2 = \frac{1}{\|\mathbf{v}_2\|}\mathbf{v}_2 \tag{3.76}$$

Step n　n 個目の正規直交関数を得る．

$$\mathbf{v}_n = \varphi_n - \sum_{k=1}^{n-1} \langle \varphi_n, \mathbf{u}_k \rangle \mathbf{u}_k, \quad \mathbf{u}_n = \frac{1}{\|\mathbf{v}_n\|}\mathbf{v}_n \tag{3.77}$$

Step N　N 個目まで繰り返し，式 (3.78) の正規直交系を得る．

$$\{\mathbf{u}_1, \mathbf{u}_2, \cdots, \mathbf{u}_N\} \tag{3.78}$$

以上のように，フレームは基底へ，さらには正規直交基底へと変形することができる．正規直交展開は，効率性等さまざまな長所をもつ表現となる．しかし，それと引

きかえに双直交基底やフレームがもつ頑強性や自由度等の性質が失われることになる.

例題 3.7
次のフレームから正規直交基底を生成しなさい.

$$\boldsymbol{\varphi} = [\boldsymbol{\varphi}_1 \ \boldsymbol{\varphi}_2 \ \boldsymbol{\varphi}_3] = \begin{bmatrix} 2 & 0 & 1 \\ 1 & 1 & -1 \end{bmatrix} \tag{3.79}$$

［**解**］ 式 (3.79) から, $\boldsymbol{\varphi}_1 = 3\boldsymbol{\varphi}_2 + 2\boldsymbol{\varphi}_3$ と表されるので, 線形独立な $\boldsymbol{\varphi}_2$ および $\boldsymbol{\varphi}_3$ にグラムシュミットの直交化を行うと,

$$\mathbf{u}_1 = \frac{1}{\|\boldsymbol{\varphi}_2\|}\boldsymbol{\varphi}_2 = \begin{bmatrix} 0 \\ 1 \end{bmatrix} \tag{3.80}$$

となり, さらに

$$\mathbf{v}_2 = \boldsymbol{\varphi}_3 - \langle \boldsymbol{\varphi}_3, \mathbf{u}_1 \rangle \mathbf{u}_1 = \begin{bmatrix} 1 \\ -1 \end{bmatrix} - \begin{bmatrix} 1 & -1 \end{bmatrix} \begin{bmatrix} 0 \\ 1 \end{bmatrix} \begin{bmatrix} 0 \\ 1 \end{bmatrix} = \begin{bmatrix} 1 \\ 0 \end{bmatrix} \tag{3.81}$$

$$\mathbf{u}_2 = \frac{1}{\|\mathbf{v}_2\|}\mathbf{v}_2 = \begin{bmatrix} 1 \\ 0 \end{bmatrix} \tag{3.82}$$

となる. ∎

3.3 信号空間の分解

前節では, 信号空間を張る座標信号系が与えられているとき, 任意の信号を展開表現する方法について述べた. 展開により, 信号は成分ごとに分解される. 本節では, 座標信号系を部分空間とする成分分解を, 射影子により表現しよう.

3.3.1 部分空間と分解
（1） 和
信号空間 V の N 個の部分空間 $V_1, V_2, \cdots, V_N$ を考える. V は和空間

$$V = V_1 \cup V_2 \cup \cdots \cup V_N = V_1 + V_2 + \cdots + V_N \tag{3.83}$$

と表されるとする. $V_1 \cap V_2 \cap \cdots \cap V_N \neq \{\mathbf{0}\}$ であれば, 共通空間に属する信号が存在することから, 信号 $\mathbf{f}$ は,

$$\mathbf{f} = \mathbf{f}_1 + \mathbf{f}_2 + \cdots + \mathbf{f}_N, \quad \mathbf{f} \in V, \quad \mathbf{f}_i \in V_i \tag{3.84}$$

と表されるものの，この分解は一意に定まらない．これは，フレーム展開を施したことに相当する．

（2） 直和

もし，信号空間において $V_1 \cap V_2 \cap \cdots \cap V_N = \{\mathbf{0}\}$，すなわち共通部分がゼロベクトル（原点）のみであれば，部分空間は独立（independent），または素（disjoint）であるという．$V_i, i = 1, 2, \cdots, N$ が独立であれば，式 (3.84) は，一通りに表現され，信号空間も次式のように一通りに分解できる．

$$V = V_1 \oplus V_2 \oplus \cdots \oplus V_N \tag{3.85}$$

V は N 個の信号空間の**直和**（direct sum）に分解される．信号空間の和が直和となるための必要十分条件は，$V_1 \cap V_2 \cap \cdots \cap V_N = \{\mathbf{0}\}$ である．この状況は，展開表現した信号の各成分を信号空間に対応させると双直交展開に相当する．

（3） 直交直和

信号空間の全体 V が V_1 と V_2 の直和で表されるとき，V_2 は V_1 の**補空間**（complementary space）であり，$V_2 = V_1^c$ と表す．

また，V_1 に属する任意の信号が V_2 に属する任意の信号と直交するとき，V_2 は**直交補空間**（orthogonal complementary space）という．直交補空間，かつ直和のとき，**直交直和**（orthogonal direct sum）といい，

$$V = V_1 \dot\oplus V_2 \tag{3.86}$$

と表す．信号空間同士が直交することは，

$$V_1 \perp V_2 \tag{3.87}$$

と表す．

N 個の部分空間による直交直和の分解は

$$V = V_1 \dot\oplus V_2 \dot\oplus \cdots \dot\oplus V_N \tag{3.88}$$

と表され，信号も直交成分に分解される．これは直交展開に相当する．

3.3.2 射影分解

式 (3.84) の分解の各信号成分は，部分空間 V_i への射影子 P_i を用いて，

$$\mathbf{f}_i = P_i \mathbf{f} \tag{3.89}$$

と表される．信号空間全体の射影は，

$$V_i = P_i V \tag{3.90}$$

と表す．

　信号空間が和分解となる条件は，

$$P = \sum_{i=1}^{N} P_i = I \tag{3.91}$$

となり，直和分解となる条件は，

$$P_i P_j = \delta_{ij} P_i, \quad i, j = 1, 2, \cdots, N \tag{3.92}$$

となる．さらに，直交直和となる条件は，

$$P_i = P_i^H, \quad i = 1, 2, \cdots, N \tag{3.93}$$

となる．

3.3.3　フレーム分解

　次に，部分空間への射影子 P_i と N 個の K 次元信号系 φ_i を要素とする行列との関係を検討する．

　フレーム行列 $\varphi = \begin{bmatrix} \varphi_1 & \varphi_2 & \cdots & \varphi_N \end{bmatrix}$ と双対フレーム行列 $\tilde{\varphi} = \begin{bmatrix} \tilde{\varphi}_1 & \tilde{\varphi}_2 & \cdots & \tilde{\varphi}_N \end{bmatrix}$ および式 (3.35)，式 (3.39)，式 (3.41) から

$$\mathbf{f} = \varphi\alpha = \varphi\tilde{\varphi}^H \mathbf{f} \tag{3.94}$$

$$\varphi\tilde{\varphi}^H = \begin{bmatrix} \varphi_1 & \varphi_2 & \cdots & \varphi_N \end{bmatrix} \begin{bmatrix} \tilde{\varphi}_1^H \\ \tilde{\varphi}_2^H \\ \vdots \\ \tilde{\varphi}_N^H \end{bmatrix} = \sum_{i \in N} \varphi_i \tilde{\varphi}_i^H = \mathbf{I}_{K \times K} \tag{3.95}$$

と表せる．

　したがって，式 (3.91) は，

$$P = \varphi\tilde{\varphi}^H = \sum_{i \in N} \varphi_i \tilde{\varphi}_i^H = I \tag{3.96}$$

と表され，部分空間 V_i への射影子は

$$P_i = \varphi_i \tilde{\varphi}_i^H \tag{3.97}$$

となる.

さらに, 式 (3.96) より, 任意の信号 $\mathbf{f}$ を P で射影すると,

$$Pf = \sum_{i \in N} \langle \tilde{\varphi}_i, \mathbf{f} \rangle \varphi_i = \mathbf{f} \tag{3.98}$$

のようにフレーム展開で表せる. 式 (3.98) で表現される演算子 P を**フレームオペレータ**という.

なお, タイトフレームは $\tilde{\varphi}^H = \varphi$ なので, フレームオペレータは,

$$Pf = A^{-1} \sum_{i \in N} \langle \varphi_i, \mathbf{f} \rangle \varphi_i = \mathbf{f} \tag{3.99}$$

と表される.

例題 3.8

次式のフレーム (**例題 3.3**) に対して, 部分空間の射影子と $\mathbf{f} = [a \ b]^T$ の射影成分を求めなさい.

$$\varphi = \begin{bmatrix} 2 & 0 & 1 \\ 1 & 1 & -1 \end{bmatrix} \tag{3.100}$$

$$\tilde{\varphi} = \begin{bmatrix} 1 & -2 & -1 \\ 1 & -2 & -2 \end{bmatrix} \tag{3.101}$$

[**解**] 式 (3.97) から射影子は,

$$P_1 = \varphi_1 \tilde{\varphi}_1^H = \begin{bmatrix} 2 & 2 \\ 1 & 1 \end{bmatrix} \tag{3.102}$$

$$P_2 = \varphi_2 \tilde{\varphi}_2^H = \begin{bmatrix} 0 & 0 \\ -2 & -2 \end{bmatrix} \tag{3.103}$$

$$P_3 = \varphi_3 \tilde{\varphi}_3^H = \begin{bmatrix} -1 & -2 \\ 1 & 2 \end{bmatrix} \tag{3.104}$$

となり, $\mathbf{f} = [a \ b]^T$ の成分は,

$$P_1 \mathbf{f} = \begin{bmatrix} 2(a+b) & a+b \end{bmatrix}^T \tag{3.105}$$

$$P_2 \mathbf{f} = \begin{bmatrix} 0 & -2(a+b) \end{bmatrix}^T \tag{3.106}$$

$$P_3 \mathbf{f} = \begin{bmatrix} a+2b & -(a+2b) \end{bmatrix}^T \tag{3.107}$$

となる.

3.3.4　直交直和分解

次に，基底の張る空間が各基底の直和の場合である**正規双直交基底**について述べる.
正規双直交基底は，

$$\langle \tilde{\boldsymbol{\varphi}}_i, \boldsymbol{\varphi}_j \rangle = \tilde{\boldsymbol{\varphi}}_i^H \boldsymbol{\varphi}_j = \delta_{ij} \tag{3.108}$$

を満たし，また，$K = N$ なので，式 (3.92) は成り立つ.

また，これに対する**双直交オペレータ**は，

$$P\mathbf{f} = \sum_{i \in N} \langle \tilde{\boldsymbol{\varphi}}_i, \mathbf{f} \rangle \boldsymbol{\varphi}_i = \mathbf{f} \tag{3.109}$$

のように正規双直交展開で表せる.

直交直和では，正規直交基底なので，$\tilde{\boldsymbol{\varphi}}_i = \boldsymbol{\varphi}_i$ となり，

$$\langle \boldsymbol{\varphi}_i, \boldsymbol{\varphi}_j \rangle = \boldsymbol{\varphi}_i^H \boldsymbol{\varphi}_j = \delta_{ij} \tag{3.110}$$

を満たし，式 (3.93) は成立する.

直交オペレータは，

$$P\mathbf{f} = \sum_{i \in N} \langle \boldsymbol{\varphi}_i, \mathbf{f} \rangle \boldsymbol{\varphi}_i = \mathbf{f} \tag{3.111}$$

のように正規直交展開で表せる.

例題 3.9

次式の正規直交基底（**例題 3.1**）に対して，部分空間の射影子と $\mathbf{f} = [a \; b]^T$ の射影成分を求めなさい.

$$\boldsymbol{\varphi} = \frac{1}{\sqrt{2}} \begin{bmatrix} 1 & 1 \\ 1 & -1 \end{bmatrix} \tag{3.112}$$

［**解**］　式 (3.97) から，射影子は

$$P_1 = \boldsymbol{\varphi}_1 \boldsymbol{\varphi}_1^H = \frac{1}{2} \begin{bmatrix} 1 & 1 \\ 1 & 1 \end{bmatrix} \tag{3.113}$$

$$P_2 = \boldsymbol{\varphi}_2 \boldsymbol{\varphi}_2^H = \frac{1}{2} \begin{bmatrix} 1 & -1 \\ -1 & 1 \end{bmatrix} \tag{3.114}$$

となり, $\mathbf{f} = \begin{bmatrix} a & b \end{bmatrix}^T$ の成分は,

$$P_1 \mathbf{f} = \frac{1}{2} \begin{bmatrix} a+b & a+b \end{bmatrix}^T \tag{3.115}$$

$$P_2 \mathbf{f} = \frac{1}{2} \begin{bmatrix} a-b & b-a \end{bmatrix}^T \tag{3.116}$$

となる.

　なお, 複数の信号系の張る部分空間を

$$
\begin{aligned}
V &= V_1 \oplus V_2 \oplus \cdots \oplus V_N \\
&= \underbrace{(V_{11} \oplus V_{12} \oplus \cdots \oplus V_{1,N_1})}_{W} \oplus \underbrace{(V_{21} \oplus \cdots \oplus V_{2,N_2})}_{Y}
\end{aligned} \tag{3.117}
$$

と表せば, W への射影子は

$$P_W = \sum_{k=1}^{N_1} P_{1,k} \tag{3.118}$$

と表せる.

3.3.5 固有空間の分解

　本項では, 信号の固有値と固有ベクトル信号の張る部分空間（固有空間）の射影子の例を示す.

（1） 固有ベクトル信号

　あるオペレータ P が,

$$P\mathbf{f} = \lambda \mathbf{f} \tag{3.119}$$

を満たすとき, 信号 $\mathbf{f}$ を**固有ベクトル信号**, λ を**固有値**という. 式 (3.119) より, 固有ベクトル信号は,

$$P^2 \mathbf{f} = PP\mathbf{f} = \lambda P \mathbf{f} = \lambda^2 \mathbf{f} \tag{3.120}$$

となり, $P^2 = \lambda P$ を満たすので, P は, $\mathbf{f}$ をその大きさを変えつつ固有ベクトル信号の張る部分空間へ移す射影子となる.

　N 次元信号に対して, N 個の固有ベクトル信号を $\varphi_i, i = 1, 2, \cdots, N$ とすると

$$P\varphi_i = \lambda_i \varphi_i, \quad i = 1, 2, \cdots, N \tag{3.121}$$

と表される.

固有ベクトル信号 φ_i の張る部分空間への射影子は,

$$P_i = \varphi_i \tilde{\varphi}_i^H \tag{3.122}$$

と表される. 固有ベクトル信号は

$$\varphi \tilde{\varphi}^H = \tilde{\varphi} \varphi^H = \mathbf{I} \tag{3.123}$$

$$\varphi = \begin{bmatrix} \varphi_1 & \varphi_2 & \cdots & \varphi_N \end{bmatrix} \tag{3.124}$$

を満たす.

（2） 固有オペレータ

また，射影子 P_i は

$$P_i \varphi_j = \begin{cases} \varphi_i, & i = j \\ 0, & i \neq j \end{cases}, \quad i, j = 1, 2, \cdots, N \tag{3.125}$$

$$P \varphi_i = \lambda_i \varphi_i = \lambda_i P_i \varphi_i, \quad i = 1, 2, \cdots, N \tag{3.126}$$

を満たすので，オペレータは,

$$P = \lambda_1 P_1 + \lambda_2 P_2 + \cdots + \lambda_N P_N \tag{3.127}$$

と表される. 式 (3.127) は，**固有オペレータ**といい,

$$\begin{aligned} P\mathbf{f} &= \lambda_1 \varphi_1 \tilde{\varphi}_1^H \mathbf{f} + \lambda_2 \varphi_2 \tilde{\varphi}_2^H \mathbf{f} + \cdots + \lambda_N \varphi_N \tilde{\varphi}_N^H \mathbf{f} \\ &= \lambda_1 \langle \tilde{\varphi}_1, \mathbf{f} \rangle \varphi_1 + \lambda_2 \langle \tilde{\varphi}_2, \mathbf{f} \rangle \varphi_2 + \cdots + \lambda_N \langle \tilde{\varphi}_N, \mathbf{f} \rangle \varphi_N \\ &= \lambda_1 \mathbf{f}_1 + \lambda_2 \mathbf{f}_2 + \cdots + \lambda_N \mathbf{f}_N \end{aligned} \tag{3.128}$$

のように固有ベクトル信号および固有値の張る空間で表現できる.

なお，P が対称行列の場合には，式 (3.122) および式 (3.123) は,

$$P_i = \varphi_i \varphi_i^H \tag{3.129}$$

$$\varphi \varphi^H = \psi \varphi^H = \mathbf{I} \tag{3.130}$$

となり，固有ベクトル信号は N 次元信号空間の直交基底になる. さらに，基底となる固有ベクトル信号の大きさを 1 に正規化すると正規直交基底になる.

P がユニタリ行列，あるいは直交行列の場合には，固有値の大きさ（絶対値）は常に 1 の直交基底になる. なお，P が**非対称行列**の場合の固有信号ベクトルは，双直交基底になる.

固有オペレータ P によって任意の信号を射影変換するとき，P を式 (3.128) のように固有空間への射影子の和として並列分解の形で表すと，変換の性質がわかりやすくなる．射影対象の信号に応じて，固有ベクトル信号から構成される基底の大きさのみが変化するからである．固有オペレータ P を用いた信号空間の分解では，P の固有ベクトル信号に応じて分解空間が決まる．なお，前節で述べた信号空間の分解とは，オペレータの固有ベクトル信号によらない形で分解空間の基底が定まる点が異なる．

例題 3.10

平面信号空間において式 (3.131) のオペレータ P（対称行列）の固有値と固有ベクトル信号を求め，任意の信号 $\mathbf{f} = [a\ b]^T$ を固有ベクトル信号空間で展開表現しなさい．

$$P = \begin{bmatrix} 2 & 1 \\ 1 & 2 \end{bmatrix} \tag{3.131}$$

[**解**]　式 (3.131) のオペレータの固有値および正規化固有ベクトル信号は，**固有方程式を解く**ことで，

$$\mathbf{\Lambda} = \begin{bmatrix} \lambda_1 \\ \lambda_2 \end{bmatrix} = \begin{bmatrix} 1 \\ 3 \end{bmatrix} \tag{3.132}$$

および

$$\boldsymbol{\varphi}_1 = \begin{bmatrix} 1/\sqrt{2} \\ -1/\sqrt{2} \end{bmatrix} \tag{3.133}$$

$$\boldsymbol{\varphi}_2 = \begin{bmatrix} 1/\sqrt{2} \\ 1/\sqrt{2} \end{bmatrix} \tag{3.134}$$

となる．なお，固有ベクトル信号は

$$\langle \boldsymbol{\varphi}_i, \boldsymbol{\varphi}_j \rangle = \delta_{ij} \tag{3.135}$$

を満たし，固有空間へのオペレータは，

$$P_1 = \boldsymbol{\varphi}_1 \boldsymbol{\varphi}_1^H = \frac{1}{2} \begin{bmatrix} 1 & -1 \\ -1 & 1 \end{bmatrix} \tag{3.136}$$

$$P_2 = \boldsymbol{\varphi}_2 \boldsymbol{\varphi}_2^H = \frac{1}{2} \begin{bmatrix} 1 & 1 \\ 1 & 1 \end{bmatrix} \tag{3.137}$$

と表される．

任意の信号 $\mathbf{f} = \begin{bmatrix} a & b \end{bmatrix}^T$ に対しては，

$$P\mathbf{f} = \lambda_1 P_1 \mathbf{f} + \lambda_2 P_2 \mathbf{f} = \frac{1}{\sqrt{2}}(a-b)\boldsymbol{\varphi}_1 + \frac{3}{\sqrt{2}}(a+b)\boldsymbol{\varphi}_2 \tag{3.138}$$

のように固有空間で展開表現される. ∎

例題 **3.11**

平面信号空間において，次式のオペレータ P（非対称行列）の固有値と固有ベクトル信号を求め，任意の信号 $\mathbf{f} = \begin{bmatrix} a & b \end{bmatrix}^T$ を固有ベクトル信号空間で展開表現しなさい.

$$P = \begin{bmatrix} 2 & 1 \\ 0 & 1 \end{bmatrix} \tag{3.139}$$

［**解**］ 式 (3.139) のオペレータに対する固有値および正規化固有ベクトル信号は，固有方程式を解くことで，

$$\boldsymbol{\Lambda} = \begin{bmatrix} \lambda_1 \\ \lambda_2 \end{bmatrix} = \begin{bmatrix} 1 \\ 2 \end{bmatrix} \tag{3.140}$$

および

$$\boldsymbol{\varphi}_1 = \begin{bmatrix} 1 \\ -1 \end{bmatrix} \tag{3.141}$$

$$\boldsymbol{\varphi}_2 = \begin{bmatrix} 1 \\ 0 \end{bmatrix} \tag{3.142}$$

となる. なお，双対基底は，

$$\tilde{\boldsymbol{\varphi}}_1 = \begin{bmatrix} 0 \\ -1 \end{bmatrix} \tag{3.143}$$

$$\tilde{\boldsymbol{\varphi}}_2 = \begin{bmatrix} 1 \\ 1 \end{bmatrix} \tag{3.144}$$

となり，

$$\langle \boldsymbol{\varphi}_i, \tilde{\boldsymbol{\varphi}}_j \rangle = \delta_{ij} \tag{3.145}$$

を満たす.

固有空間へのオペレータは，

$$P_1 = \boldsymbol{\varphi}_1 \tilde{\boldsymbol{\varphi}}_1^H = \begin{bmatrix} 0 & -1 \\ 0 & 1 \end{bmatrix} \tag{3.146}$$

$$P_2 = \boldsymbol{\varphi}_2 \tilde{\boldsymbol{\varphi}}_2^H = \begin{bmatrix} 1 & 1 \\ 0 & 0 \end{bmatrix} \tag{3.147}$$

と表される.

任意の信号 $\mathbf{f} = \begin{bmatrix} a & b \end{bmatrix}^T$ に対しては,

$$P\mathbf{f} = \lambda_1 P_1 \mathbf{f} + \lambda_2 P_2 \mathbf{f} = -b\boldsymbol{\varphi}_1 + 2(a+b)\boldsymbol{\varphi}_2 \tag{3.148}$$

のように固有空間で展開表現される.

第**4**章
最小 2 乗法による信号の近似

本章では，展開表現した信号を用いて雑音が重畳した信号から真の信号を推定したり，部分区間信号からそれ以外の区間信号を補間したり，インパルス応答を近似したりするときに有用な，最小 2 乗法について説明する.

本章では，N 個の座標信号系を用いて展開表現された次式のアナログ信号

$$f_N(t) = \alpha_1\varphi_1(t) + \alpha_2\varphi_2(t) + \cdots + \alpha_N\varphi_N(t) = \boldsymbol{\varphi}(t)^T\boldsymbol{\alpha} \tag{4.1}$$

またはディジタル信号

$$\mathbf{f}_N = \alpha_1\boldsymbol{\varphi}_1 + \alpha_2\boldsymbol{\varphi}_2 + \cdots + \alpha_N\boldsymbol{\varphi}_N = \boldsymbol{\varphi}\boldsymbol{\alpha} \tag{4.2}$$

を用いて，信号を近似することを検討する．そのために，信号処理の基本ともいえる決定論的**最小 2 乗法**を適用する.

式 (4.1) や式 (4.2) のように座標信号系が事前に定められている（与えられている）もとで，ある対象信号（**所望信号**）が与えられたとき，両信号の誤差を最小とする最良な展開係数ベクトル $\boldsymbol{\alpha}$ を決定する．なお，対象信号は，必ずしも信号系の張る空間の要素であるとは限らない.

以降では，設定条件が異なる三つの場合を説明する.

4.1　アナログ信号の近似

まず，N 個のアナログ信号系を線形結合した式 (4.1) の信号 $f_N(t)$ と所望信号 $f(t)$ との誤差を表す差信号

$$e(t) = f(t) - f_N(t) \tag{4.3}$$

を定義する.

図 4.1 のような信号区間 $T = [a, b]$ において，$f(t)$ を $f_N(t)$ で近似する．誤差信号の 2 乗の積分である**評価関数**は，

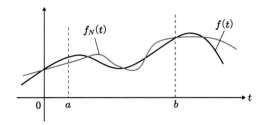

図 **4.1** 信号区間 $[a, b]$ と信号誤差

$$E = \int_{t \in T} e(t)^2 dt = \int_{t \in T} \{f(t) - f_N(t)\}^2 dt \tag{4.4}$$

と表される.

　実際には信号系の選び方や N の大小により評価関数値は変化するが,いまはこれら
は固定した状態で,式 (4.4) の評価関数を展開係数 α_k, $k = 1, 2, \cdots, N$ を変数とし
て,E を最小化することを考えよう.

　評価関数を展開係数で偏微分してゼロとすることが最小化の条件となり,各係数に
関して次式で表される N 個の方程式が得られる.

$$\nabla_{\alpha_n} E = \frac{\partial E}{\partial \alpha_n} = -2 \int_{t \in T} \{f(t) - f_N(t)\} \frac{\partial f_N(t)}{\partial \alpha_n} dt$$

$$= -2 \left\{ \int_{t \in T} f(t)\varphi_n(t) dt - \alpha_1 \int_{t \in T} \varphi_1(t)\varphi_n(t) dt - \cdots \right.$$

$$\left. - \alpha_N \int_{t \in T} \varphi_N(t)\varphi_n(t) dt \right\} = 0, \quad n = 1, 2, \cdots, N \tag{4.5}$$

さらに,信号の内積を

$$\begin{cases} \langle \varphi_i, \varphi_j \rangle = \int_{t \in T} \varphi_i(t)\varphi_j(t) dt, \quad i, j = 1, 2, \cdots, N \tag{4.6} \\\\ \langle \varphi_n, f \rangle = \int_{t \in T} f(t)\varphi_n(t) dt, \quad n = 1, 2, \cdots, N \tag{4.7} \end{cases}$$

と表すと,式 (4.5) は

$$\alpha_1 \langle \varphi_1, \varphi_n \rangle + \alpha_2 \langle \varphi_2, \varphi_n \rangle + \cdots + \alpha_N \langle \varphi_N, \varphi_n \rangle = \langle \varphi_n, f \rangle,$$
$$n = 1, 2, \cdots, N \tag{4.8}$$

と表され,さらに,行列で表すために,並べて

$$\begin{cases} \alpha_1 \langle \varphi_1, \varphi_1 \rangle + \alpha_2 \langle \varphi_2, \varphi_1 \rangle + \cdots + \alpha_N \langle \varphi_N, \varphi_1 \rangle = \langle \varphi_1, f \rangle \\ \alpha_1 \langle \varphi_1, \varphi_2 \rangle + \alpha_2 \langle \varphi_2, \varphi_2 \rangle + \cdots + \alpha_N \langle \varphi_N, \varphi_2 \rangle = \langle \varphi_2, f \rangle \\ \qquad\qquad\qquad\qquad\vdots \\ \alpha_1 \langle \varphi_1, \varphi_N \rangle + \alpha_2 \langle \varphi_2, \varphi_N \rangle + \cdots + \alpha_N \langle \varphi_N, \varphi_N \rangle = \langle \varphi_N, f \rangle \end{cases} \quad (4.9)$$

と表すと，

$$\boldsymbol{\Phi}\boldsymbol{\alpha} = \mathbf{f}_\alpha \tag{4.10}$$

となる．ただし，

$$\boldsymbol{\Phi} = \begin{bmatrix} \langle \varphi_1, \varphi_1 \rangle & \langle \varphi_2, \varphi_1 \rangle & \cdots & \langle \varphi_N, \varphi_1 \rangle \\ \langle \varphi_1, \varphi_2 \rangle & \langle \varphi_2, \varphi_2 \rangle & \ddots & \vdots \\ \vdots & \ddots & \ddots & \vdots \\ \langle \varphi_1, \varphi_N \rangle & \cdots & \cdots & \langle \varphi_N, \varphi_N \rangle \end{bmatrix} \tag{4.11}$$

$$\mathbf{f}_\alpha = \begin{bmatrix} \langle \varphi_1, f \rangle & \langle \varphi_2, f \rangle & \cdots & \langle \varphi_N, f \rangle \end{bmatrix}^T \tag{4.12}$$

とする．

式 (4.11) は**グラム行列**，式 (4.10) を**正規方程式**という．この行列方程式を解けば，式 (4.4) の 2 乗誤差を最小とする N 次元展開係数ベクトルが

$$\boldsymbol{\alpha} = \boldsymbol{\Phi}^{-1}\mathbf{f}_\alpha \tag{4.13}$$

のように求められる．式 (4.13) を**最小 2 乗解**といい，近似信号は式 (4.1) を用いて

$$f_N(t) = \boldsymbol{\varphi}(t)^T \boldsymbol{\alpha} = \boldsymbol{\varphi}(t)^T \boldsymbol{\Phi}^{-1} \mathbf{f}_\alpha \tag{4.14}$$

$$\boldsymbol{\varphi}(t) = \begin{bmatrix} \varphi_1(t) & \varphi_2(t) & \cdots & \varphi_N(t) \end{bmatrix}^T \tag{4.15}$$

と表される．

なお，グラム行列の逆行列が常に求められるためには，信号系は基底（線形独立）であることが必要である．

もし，信号系が正規直交基底ならば

$$\langle \varphi_i(t), \varphi_j(t) \rangle = \begin{cases} 1, & i = j \\ 0, & i \neq j \end{cases} \tag{4.16}$$

を満たすことから，必然的にグラム行列 $\boldsymbol{\Phi}$ は単位行列となり，係数ベクトルは $\boldsymbol{\alpha} = \mathbf{f}_\alpha$

のように，所望信号と正規直交基底の内積である式 (4.12) で求められる．

　所望信号が基底の張る信号空間の要素であれば，式 (4.13) の展開係数により誤差を
ゼロにすることができる．

例題 4.1

以下のように所望信号と信号系を与えたとき，区間 $[0,2]$ において最小 2 乗法により近
似しなさい．

$$f(t) = t^2 + 1 \tag{4.17}$$

$$\varphi_n(t) = t^{n-1}, \quad n = 1, 2 \tag{4.18}$$

[**解**]　式 (4.6) および式 (4.11) より

$$\begin{bmatrix} \langle \varphi_1, \varphi_1 \rangle & \langle \varphi_2, \varphi_1 \rangle \\ \langle \varphi_2, \varphi_1 \rangle & \langle \varphi_2, \varphi_2 \rangle \end{bmatrix} = \begin{bmatrix} \int_0^2 1 dt & \int_0^2 t dt \\ \int_0^2 t dt & \int_0^2 t^2 dt \end{bmatrix} = \begin{bmatrix} 2 & 2 \\ 2 & \dfrac{8}{3} \end{bmatrix} \tag{4.19}$$

また，式 (4.7) および式 (4.12) より

$$\begin{bmatrix} \langle \varphi_1, f \rangle \\ \langle \varphi_2, f \rangle \end{bmatrix} = \begin{bmatrix} \int_0^2 (t^2 + 1) dt \\ \int_0^2 (t^2 + 1) t dt \end{bmatrix} = \frac{1}{3} \begin{bmatrix} 14 \\ 20 \end{bmatrix} \tag{4.20}$$

となり，

$$\begin{bmatrix} \alpha_1 \\ \alpha_2 \end{bmatrix} = \frac{1}{3} \begin{bmatrix} 2 & 2 \\ 2 & \dfrac{8}{3} \end{bmatrix}^{-1} \begin{bmatrix} 14 \\ 20 \end{bmatrix} = \begin{bmatrix} -\dfrac{2}{3} \\ 3 \end{bmatrix} \tag{4.21}$$

よって，

$$f_N(t) = \alpha_1 \varphi_1(t) + \alpha_2 \varphi_2(t) = -\frac{2}{3} + 3t \tag{4.22}$$

となる． ∎

4.2　サンプル値信号からの信号近似

　次に，図 4.2 のように信号区間 $T = [t_1, t_K]$ において，所望信号 $f(t)$ に関して K
個の所望信号サンプル値 $f(t_k)$ しか取得できない状況を考える（必ずしも信号サンプ

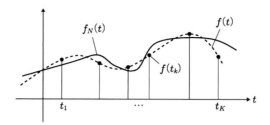

図 4.2　サンプル値とアナログ信号

ル値は，等間隔のサンプル値である必要はない）．

この場合，近似により得られる信号 $f_N(t)$ は，サンプル値の時刻 t_k, $k = 1, 2, \cdots, K$ での誤差の 2 乗和の最小化問題の解として得られる N 次元展開係数ベクトル $\boldsymbol{\alpha}$ で定められる．

選点 $T = \begin{bmatrix} t_1 & t_2 & \cdots & t_K \end{bmatrix}^T$ における 2 乗誤差の評価関数は，

$$E = \sum_{k=1}^{K} e(t_k)^2 = \sum_{k=1}^{K} \{f(t_k) - f_N(t_k)\}^2 \tag{4.23}$$

と定義でき，式 (4.23) の評価関数を展開係数 α_n, $n = 1, 2, \ldots, N$ を変数として，最小化するために偏微分してゼロとすると，式 (4.24) の N 個の方程式が得られる．

$$
\begin{aligned}
\nabla_{\alpha_n} E = \frac{\partial E}{\partial \alpha_n} &= -2 \sum_{k=1}^{K} \{f(t_k) - f_N(t_k)\} \frac{\partial f_N(t_k)}{\partial \alpha_n} \\
&= -2 \left\{ \sum_{k=1}^{K} f(t_k) \varphi_n(t_k) - \alpha_1 \sum_{k=1}^{K} \varphi_1(t_k) \varphi_n(t_k) - \cdots \right. \\
&\quad \left. - \alpha_N \sum_{k=1}^{K} \varphi_N(t_k) \varphi_n(t_k) \right\} = 0, \quad n = 1, 2, \cdots, N
\end{aligned}
\tag{4.24}
$$

となり，さらにサンプル値の内積を

$$
\begin{cases}
\langle \varphi_i, \varphi_j \rangle = \displaystyle\sum_{k=1}^{K} \varphi_i(t_k) \varphi_j(t_k), \quad i, j = 1, 2, \cdots, N & \tag{4.25} \\[2mm]
\langle \varphi_n, f \rangle = \displaystyle\sum_{k=1}^{K} f(t_k) \varphi_n(t_k), \quad n = 1, 2, \cdots, N & \tag{4.26}
\end{cases}
$$

と表すと，式 (4.24) は，4.1 節と同様に N 個の方程式が得られる．式 (4.11)，式 (4.12)，式 (4.25) および式 (4.26) を用いて行列で表すと，正規方程式は，

$$\boldsymbol{\Phi\alpha} = \mathbf{f}_\alpha \tag{4.27}$$

$$\mathbf{f}_\alpha = \boldsymbol{\varphi}\mathbf{f} \tag{4.28}$$

$$\mathbf{f} = \begin{bmatrix} f(t_1) & f(t_2) & \cdots & f(t_K) \end{bmatrix}^T \tag{4.29}$$

$$\boldsymbol{\varphi} = \begin{bmatrix} \boldsymbol{\varphi}(t_1) & \boldsymbol{\varphi}(t_2) & \cdots & \boldsymbol{\varphi}(t_K) \end{bmatrix} \tag{4.30}$$

となり，式 (4.23) を評価関数とする最小 2 乗解としての展開係数ベクトルは

$$\boldsymbol{\alpha} = \boldsymbol{\Phi}^{-1}\mathbf{f}_\alpha \tag{4.31}$$

となり，近似信号は式 (4.1) を用いて

$$f_N(t) = \boldsymbol{\varphi}(t)^T\boldsymbol{\alpha} = \boldsymbol{\varphi}(t)^T\boldsymbol{\Phi}^{-1}\mathbf{f}_\alpha \tag{4.32}$$

と表される．

　式 (4.27) のグラム行列が正規直交基底で構成されていると，係数ベクトルは簡単化され，式 (4.28) により求められる．

例題 4.2
信号系を $\varphi_n(t) = t^{n-1}, n = 1, 2$ とし，所望特性のサンプル値が以下のように与えられたとき，$f(t)$ を最小 2 乗法で近似しなさい．

表 **4.1**　所望特性のサンプル値 $\left(f(t) = -\dfrac{1}{2}t^2 + t + \dfrac{1}{2}\ とする\right)$

k	1	2
t_k	0	1
$f(t_k)$	$\dfrac{1}{2}$	1

[解]　式 (4.25)～式 (4.31) より

$$\begin{bmatrix} \langle\varphi_1,\varphi_1\rangle & \langle\varphi_2,\varphi_1\rangle \\ \langle\varphi_2,\varphi_1\rangle & \langle\varphi_2,\varphi_2\rangle \end{bmatrix} = \begin{bmatrix} 2 & 1 \\ 1 & 1 \end{bmatrix} \tag{4.33}$$

$$\begin{bmatrix} \langle\varphi_1,f\rangle \\ \langle\varphi_2,f\rangle \end{bmatrix} = \begin{bmatrix} \dfrac{3}{2} \\ 1 \end{bmatrix} \tag{4.34}$$

となり，

$$\begin{bmatrix} \alpha_1 \\ \alpha_2 \end{bmatrix} = \begin{bmatrix} 2 & 1 \\ 1 & 1 \end{bmatrix}^{-1} \begin{bmatrix} \frac{3}{2} \\ 1 \end{bmatrix} = \begin{bmatrix} \frac{1}{2} \\ \frac{1}{2} \end{bmatrix} \tag{4.35}$$

を得る．よって

$$f_N(t) = \alpha_1 \varphi_1(t) + \alpha_2 \varphi_2(t) = \frac{1}{2} + \frac{1}{2}t \tag{4.36}$$

となる． ∎

　図 4.2 では，所望信号の一部のサンプル値信号を取得したとき，$f_N(t)$ により近似する様子を表している．サンプル値信号間をつなぐ（補間する）という意味では，これはディジタル − アナログ変換でもある．

　最小 2 乗法により信号を高精度で補間し，復元するためには，サンプル値には誤差を含まず，高密かつ，十分多いサンプル数があることが望ましい．K の値と t_k，$k = 1, 2, \cdots, K$ の位置は，内積計算の精度に影響を及ぼす．実際，サンプル値に多少の誤差が含まれることが多いが，適切な信号系で近似すれば誤差は低減できる．

4.3　ディジタル信号の近似

　次に，ディジタル信号の場合を説明する．K 次元信号系 $\varphi_n, n = 1, 2, \cdots, N$ の張る N 次元信号空間の要素 $\mathbf{f}_N$ を用いて，所望信号である K 次元信号 $\mathbf{f}$ を近似することにしよう．

　所望の信号を

$$\mathbf{f} = \begin{bmatrix} f_1 & f_2 & \cdots & f_K \end{bmatrix}^T \tag{4.37}$$

とし，その近似信号 $\mathbf{f}_N = \begin{bmatrix} f_{N1} & f_{N2} & \cdots & f_{NK} \end{bmatrix}^T$ を N 個の係数 $\alpha_i, i = 1, 2, \cdots, N$ を用いて

$$\mathbf{f}_N = \alpha_1 \varphi_1 + \alpha_2 \varphi_2 + \cdots + \alpha_N \varphi_N = \varphi \alpha, \tag{4.38}$$

$$\varphi = \begin{bmatrix} \varphi_1 & \varphi_2 & \cdots & \varphi_N \end{bmatrix} \tag{4.39}$$

と表す．φ はサイズは $K \times N$ の長方行列になることに注意をしよう．また，N 個の信号系を

$$\left\{ \varphi_n = \begin{bmatrix} \varphi_{n1} & \varphi_{n2} & \cdots & \varphi_{nK} \end{bmatrix}^T \right\}_{n=1,2,\cdots,N} \tag{4.40}$$

とすると，式 (4.38) の信号の k 番目の要素は

$$f_{Nk} = \alpha_1 \varphi_{1k} + \alpha_2 \varphi_{2k} + \cdots + \alpha_N \varphi_{Nk}, \quad k = 1, 2, \cdots, K \tag{4.41}$$

と表される.

　なお，式 (4.41) において展開係数 $\alpha_i, i = 1, 2, \cdots, N$ を未知変数とする連立方程式とみると，方程式は K 個得られるので，係数ベクトルの要素数 N との大小関係によっては未知の係数ベクトル解が求まらない場合がある. $N = K$ の場合には問題ないが，$N < K$（方程式が多い場合）では，一般には近似解しか求まらず，逆に，$N > K$（方程式が足りない場合）では，解が不定になる.

　2 乗誤差評価関数を

$$E = \sum_{k=1}^{K} e_k^2 = \sum_{k=1}^{K} (f_k - f_{Nk})^2 \tag{4.42}$$

とすると，4.1 節および 4.2 節と同様に，誤差を最小とする展開係数は，正規方程式を解くことで求められる. すなわち，偏微分をしてゼロとおくと

$$\begin{aligned}
\nabla_{\alpha_n} E = \frac{\partial E}{\partial \alpha_n} &= -2 \sum_{k=1}^{K} (f_k - f_{Nk}) \frac{\partial f_{Nk}}{\partial \alpha_n} \\
&= -2 \left(\sum_{k=1}^{K} f_k \varphi_{nk} - \alpha_1 \sum_{k=1}^{K} \varphi_{1k} \varphi_{nk} - \cdots - \alpha_N \sum_{k=1}^{K} \varphi_{Nk} \varphi_{nk} \right) = 0, \\
& n = 1, 2, \cdots, N
\end{aligned} \tag{4.43}$$

となり，さらに内積を

$$\begin{cases}
\langle \varphi_i, \varphi_j \rangle = \sum_{k=1}^{K} \varphi_{ik} \varphi_{jk}, \quad i, j = 1, 2, \cdots, N \tag{4.44} \\
\\
\langle \varphi_n, f \rangle = \sum_{k=1}^{K} f_k \varphi_{nk}, \quad n = 1, 2, \cdots, N \tag{4.45}
\end{cases}$$

と表すと，式 (4.43) より得られる N 個の方程式を合わせると，次式の**正規方程式**を得る.

$$\mathbf{\Phi} \boldsymbol{\alpha} = \mathbf{f}_\alpha \tag{4.46}$$

　式 (4.46) を解くことで得られる係数ベクトルは，K, N および φ_K によって誤差のない解か近似解になる. また，$\mathbf{f}_N$ と $\mathbf{f}$ が一致する場合としない場合がある.

　ここでは，評価関数をベクトルで表し，解を導出し検討していこう. 式 (4.42) は次

式のように表せる.

$$E = \|\mathbf{f} - \mathbf{f}_N\|^2 = (\mathbf{f} - \mathbf{f}_N)^T(\mathbf{f} - \mathbf{f}_N) \tag{4.47}$$

偏微分がゼロになるという条件より,

$$\nabla_{\alpha_i} E = \frac{\partial}{\partial \alpha_i} \|\mathbf{f} - \mathbf{f}_N\|^2 = \frac{\partial}{\partial \alpha_i}(\mathbf{f} - \mathbf{f}_N)^T(\mathbf{f} - \mathbf{f}_N) = 0, \quad i = 1, \cdots, N \tag{4.48}$$

となり,

$$\boldsymbol{\varphi}_i^T(\mathbf{f} - \boldsymbol{\varphi\alpha}) + (\mathbf{f} - \boldsymbol{\varphi\alpha})^T\boldsymbol{\varphi}_i = 0, \quad i = 1, 2, \cdots, N \tag{4.49}$$

を得る. したがって, 次の N 個のベクトル方程式が得られる.

$$\boldsymbol{\varphi}_i^T\boldsymbol{\varphi\alpha} = \boldsymbol{\varphi}_i^T\mathbf{f}, \quad i = 1, 2, \cdots, N \tag{4.50}$$

式 (4.50) を行列でまとめて表現すると,

$$\boldsymbol{\varphi}^T\boldsymbol{\varphi\alpha} = \boldsymbol{\varphi}^T\mathbf{f} \tag{4.51}$$

と表される. なお, 式 (4.51) において,

$$\boldsymbol{\Phi} = \boldsymbol{\varphi}^T\boldsymbol{\varphi} \tag{4.52}$$

および

$$\mathbf{f}_\alpha = \boldsymbol{\varphi}^T\mathbf{f} \tag{4.53}$$

とおくと, 式 (4.46) と同一形式の正規方程式になることがわかる.

ここで, 式 (4.47) の誤差関数 E について検討しよう. 式 (4.46) および式 (4.51) より

$$E = (\mathbf{f} - \boldsymbol{\varphi\alpha})^T(\mathbf{f} - \boldsymbol{\varphi\alpha}) = \mathbf{f}^T(\mathbf{f} - \boldsymbol{\varphi\alpha}) = \mathbf{f}^T\mathbf{e} \tag{4.54}$$

と表される. ただし, $\mathbf{e} = \mathbf{f} - \boldsymbol{\varphi\alpha}$ は誤差信号である. 式 (4.54) は所望信号と誤差信号の内積であり, 誤差関数 E がゼロになるとき両信号は直交することになり, 逆に直交関係になれば誤差はゼロになる (**直交原理**).

例題 4.3
式 (4.38) において, $N = K = 2$ とし, 信号系と所望ディジタル信号が以下で与えられているとき, 近似信号を求めなさい.

$$\boldsymbol{\varphi}_1 = \begin{bmatrix} 1 & \dfrac{1}{2} \end{bmatrix}^T \tag{4.55}$$

$$\boldsymbol{\varphi}_2 = \begin{bmatrix} -1 & 1 \end{bmatrix}^T \tag{4.56}$$

$$\mathbf{f} = \begin{bmatrix} 2 & 4 \end{bmatrix}^T \tag{4.57}$$

［解］　式 (4.44)〜式 (4.46) より，係数ベクトルは，

$$\boldsymbol{\alpha} = \boldsymbol{\Phi}^{-1}\mathbf{f}_\alpha = \begin{bmatrix} \dfrac{5}{4} & -\dfrac{1}{2} \\[2mm] -\dfrac{1}{2} & 2 \end{bmatrix}^{-1} \begin{bmatrix} 4 \\ 2 \end{bmatrix} = \dfrac{1}{9}\begin{bmatrix} 8 & 2 \\ 2 & 5 \end{bmatrix}\begin{bmatrix} 4 \\ 2 \end{bmatrix} = \begin{bmatrix} 4 \\ 2 \end{bmatrix} \tag{4.58}$$

である．よって，近似信号は

$$\mathbf{f}_N = \alpha_1 \boldsymbol{\varphi}_1 + \alpha_2 \boldsymbol{\varphi}_2 = 4\boldsymbol{\varphi}_1 + 2\boldsymbol{\varphi}_2 = \begin{bmatrix} 2 \\ 4 \end{bmatrix} = \mathbf{f} \tag{4.59}$$

となる．∎

4.4　最小 2 乗解と最小ノルム解

　第 3 章でも検討したとおり，4.3 節のディジタル信号の近似においては次数 N と信号次元 K の大小関係が近似精度に関係する．本項では，展開係数 $\boldsymbol{\alpha}$ を解とする連立方程式と見立て，次数について考察する．

4.4.1　最小 2 乗解を与える射影子
　式 (4.46) の行列方程式について検討しよう．式 (4.38)，式 (4.52) および式 (4.53) より近似信号と係数ベクトルは

$$\mathbf{f}_N = \boldsymbol{\varphi}\boldsymbol{\alpha} = \boldsymbol{\varphi}\boldsymbol{\Phi}^{-1}\mathbf{f}_\alpha = \boldsymbol{\varphi}(\boldsymbol{\varphi}^T\boldsymbol{\varphi})^{-1}\boldsymbol{\varphi}^T\mathbf{f} \tag{4.60}$$

$$\boldsymbol{\alpha} = (\boldsymbol{\varphi}^T\boldsymbol{\varphi})^{-1}\boldsymbol{\varphi}^T\mathbf{f} \tag{4.61}$$

と表される．ここで，

$$\mathbf{P} = \boldsymbol{\varphi}(\boldsymbol{\varphi}^T\boldsymbol{\varphi})^{-1}\boldsymbol{\varphi}^T \tag{4.62}$$

とおくと，サイズ $K \times K$ の $\mathbf{P}$ は，信号系の張る信号空間への射影子となることが確認できる（式 (3.92) を参照）．

4.4.2　最小2乗解

さらに，式 (4.60) において $\varphi\alpha = \mathbf{f}_N(=\mathbf{f})$ の $K \times N$ サイズの長方行列 φ に着目して，解 α の性質について具体例を用いて検討する．

（1）　$N = K$ の場合

$N = K$ なので，未知係数ベクトルの数と方程式の数は等しく，φ は正方行列となる．信号系は双直交系である．もし，信号系が正規双直交基底であれば，$\varphi^{-1} = \varphi^T$ となるので，式 (4.61) より係数ベクトルは，

$$\alpha = \varphi^T \mathbf{f} \tag{4.63}$$

と表される．

この場合，式 (4.62) の射影子は，

$$\mathbf{P} = \mathbf{I} \tag{4.64}$$

となる．

このとき，K 次元信号 $\mathbf{f}$ を式 (4.38) の $\mathbf{f}_N$ の N 個の係数ベクトルで表すことは，$N = K$ なので同一次元であることから，座標系の変換になる．すなわち，これは自然基底の座標系から φ の基底表現への変換である．もし，基底が信号を表すために適していれば，値の小さな係数ベクトルの数を減らしても $\mathbf{f}$ を十分な精度で表すことができ，信号データを圧縮できたことになる．

例題 4.4

例題 4.3 と同様に所望 2 次元ディジタル信号 $\mathbf{f}$ と信号系 φ が与えられているとき，係数ベクトル α を未知数として，グラフ表示しなさい．

[解]　式 (4.38)，式 (4.55)～式 (4.59) より

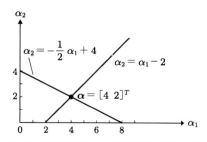

図 4.3　係数ベクトルの解の関係（$N = K$）

$$\begin{cases} \alpha_1 - \alpha_2 = 2 & \text{(4.65)} \\ \dfrac{1}{2}\alpha_1 + \alpha_2 = 4 & \text{(4.66)} \end{cases}$$

となり，α 平面（解平面）上に描くと図 4.3 となる．式 (4.65) と式 (4.66) を満たす交点が係数ベクトルの解になる．∎

（2） $N < K$ の場合

$N < K$ の場合には，未知係数ベクトルの次元（次数）N が，信号の次元 K より少ないため（未知数の数より方程式の数が多い状態），一般に誤差ゼロの解は求められない．

この場合，次式の誤差を最小にする近似解を係数ベクトル解とする，最小 2 乗解を用いる（式 (4.47) を参照）．

$$E = \|\mathbf{f} - \boldsymbol{\varphi}\boldsymbol{\alpha}\|^2 \tag{4.67}$$

誤差最小の解は，

$$\boldsymbol{\alpha} = \boldsymbol{\varphi}^+ \mathbf{f} \tag{4.68}$$

$$\boldsymbol{\varphi}^+ \equiv \left(\boldsymbol{\varphi}^T \boldsymbol{\varphi}\right)^{-1} \boldsymbol{\varphi}^T \tag{4.69}$$

と表される．式 (6.69) の解を与える長方行列を $\boldsymbol{\varphi}$ の**擬似逆行列**または，**ムーア・ペンローズの逆行列**という．

なお，射影子を用いた信号 $\mathbf{f}_N$ の表現は式 (4.60) となるが，係数ベクトルの次元 N は K より小さくなるので，低次元化表現になる．なお，信号系の次元は K なので $\mathbf{f}_N$ は $\mathbf{f}$ と一致する場合もある．

例題 4.5
所望 3 次元ディジタル信号 $\mathbf{f}$ と二つの信号系 $\boldsymbol{\varphi}$ が与えられているとき，（1）のときに係数ベクトルと近似信号を求めなさい．このとき解 $\boldsymbol{\alpha}$ を未知数としてグラフ表示しなさい．また，雑音の影響で，（2）および（3）のように信号値が変化した場合の解をグラフ表示しなさい．

$$\boldsymbol{\varphi}_1 = \begin{bmatrix} 1 & \dfrac{1}{2} & 2 \end{bmatrix}^T \tag{4.70}$$

$$\boldsymbol{\varphi}_2 = \begin{bmatrix} -1 & 1 & 1 \end{bmatrix}^T \tag{4.71}$$

（1） $\mathbf{f} = \begin{bmatrix} 2 & 4 & 10 \end{bmatrix}^T$
（2） $\mathbf{f} = \begin{bmatrix} 2 & 5 & 10 \end{bmatrix}^T$

（3） $\mathbf{f}_N = \begin{bmatrix} 1 & 4 & 10 \end{bmatrix}^T$

[解]

（1） $\mathbf{f} = \begin{bmatrix} 2 & 4 & 10 \end{bmatrix}^T$ の場合

$$\mathbf{f} = \begin{bmatrix} 2 & 4 & 10 \end{bmatrix}^T \tag{4.72}$$

より, 式 (4.44)～式 (4.46) より（あるいは, 式 (4.68) 及び式 (4.69) より）係数ベクトルは,

$$\boldsymbol{\alpha} = \boldsymbol{\Phi}^{-1}\mathbf{f}_\alpha = \begin{bmatrix} \dfrac{21}{4} & \dfrac{3}{2} \\[2mm] \dfrac{3}{2} & 3 \end{bmatrix}^{-1} \begin{bmatrix} 24 \\ 12 \end{bmatrix} = \dfrac{2}{27} \begin{bmatrix} 3 & -\dfrac{3}{2} \\[2mm] -\dfrac{3}{2} & \dfrac{21}{4} \end{bmatrix} \begin{bmatrix} 24 \\ 12 \end{bmatrix} = \begin{bmatrix} 4 \\ 2 \end{bmatrix} \tag{4.73}$$

となる. よって,

$$\mathbf{f}_N = \alpha_1\boldsymbol{\varphi}_1 + \alpha_2\boldsymbol{\varphi}_2 = 4\boldsymbol{\varphi}_1 + 2\boldsymbol{\varphi}_2 = \begin{bmatrix} 2 \\ 4 \\ 10 \end{bmatrix} = \mathbf{f} \tag{4.74}$$

一方, 式 (4.38) より

$$\begin{cases} \alpha_1 - \alpha_2 = 2 & \text{(4.75)} \\[2mm] \dfrac{1}{2}\alpha_1 + \alpha_2 = 4 & \text{(4.76)} \\[2mm] 2\alpha_1 + \alpha_2 = 10 & \text{(4.77)} \end{cases}$$

となり, α 平面（解平面）上に描くと図 4.4 となる. 方程式の数が直線の数となり, 式 (4.75)～式 (4.75) を満たす交点が係数ベクトルの解になる. この場合 1 点で交わるた

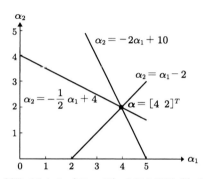

図 **4.4** 係数ベクトル （$N < K$）の解の関係（（1）の場合）

め誤差はゼロである．また，$\mathbf{f}_N = \mathbf{f}$ となり式 (4.67) の誤差もゼロである．

（2）$\mathbf{f} = \begin{bmatrix} 2 & 5 & 10 \end{bmatrix}^T$ の場合

$$\mathbf{f} = \begin{bmatrix} 2 & 5 & 10 \end{bmatrix}^T \tag{4.78}$$

なので，式 (4.68) 及び式 (4.69) より係数ベクトルは，

$$\boldsymbol{\alpha} = (\boldsymbol{\varphi}^T \boldsymbol{\varphi}) \boldsymbol{\varphi}^T \mathbf{f} = \frac{2}{9} \begin{bmatrix} 1 & -\dfrac{1}{2} \\[2mm] -\dfrac{1}{2} & \dfrac{7}{4} \end{bmatrix} \begin{bmatrix} 1 & \dfrac{1}{2} & 2 \\[2mm] -1 & 1 & 1 \end{bmatrix} \begin{bmatrix} 2 \\ 5 \\ 10 \end{bmatrix} = \begin{bmatrix} 4 \\[1mm] \dfrac{7}{3} \end{bmatrix} \tag{4.79}$$

よって，

$$\mathbf{f}_N = \alpha_1 \boldsymbol{\varphi}_1 + \alpha_2 \boldsymbol{\varphi}_2 = 4\boldsymbol{\varphi}_1 + \frac{7}{3} \boldsymbol{\varphi}_2 = \frac{1}{3} \begin{bmatrix} 5 \\ 13 \\ 31 \end{bmatrix} \neq \mathbf{f} \tag{4.80}$$

となる．一方，式 (4.38) より

$$\begin{cases} \alpha_1 - \alpha_2 = \dfrac{5}{3} & (4.81) \\[3mm] \dfrac{1}{2}\alpha_1 + \alpha_2 = \dfrac{13}{3} & (4.82) \\[3mm] 2\alpha_1 + \alpha_2 = \dfrac{31}{3} & (4.83) \end{cases}$$

となり，α 平面（解平面）上に描くと図 4.5 となる．この場合も 1 点で交わるため解の誤差はゼロである．しかし，部分空間に射影された近似信号は，$\mathbf{f}_N \neq \mathbf{f}$ となり近似解（最小 2 乗解）となる．

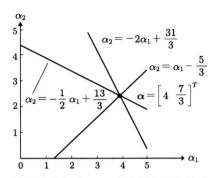

図 4.5 係数ベクトル（$N < K$）の解の関係（（2）の場合）

（3）$\mathbf{f}_N = \begin{bmatrix} 1 & 4 & 10 \end{bmatrix}^T$ の場合

$$\mathbf{f}_N = \begin{bmatrix} 1 & 4 & 10 \end{bmatrix}^T \tag{4.84}$$

より，式 (4.38) は

$$
\begin{cases}
\alpha_1 - \alpha_2 = 1 & \tag{4.85} \\
\dfrac{1}{2}\alpha_1 + \alpha_2 = 4 & \tag{4.86} \\
2\alpha_1 + \alpha_2 = 10 & \tag{4.87}
\end{cases}
$$

となり，誤差最小の解は，

$$\boldsymbol{\alpha} = (\boldsymbol{\varphi}^T\boldsymbol{\varphi})^{-1}\boldsymbol{\varphi}^T\mathbf{f}_N = \frac{1}{3}\begin{bmatrix} 1 & 0 & 1 \\ -\dfrac{3}{2} & 1 & \dfrac{1}{2} \end{bmatrix}\begin{bmatrix} 1 \\ 4 \\ 10 \end{bmatrix} = \begin{bmatrix} \dfrac{11}{3} \\ \dfrac{5}{2} \end{bmatrix} \tag{4.88}$$

となる．α 平面（解平面）上に描くと図 4.6 となる．この場合，すべての方程式は 1 点で交わらないため解の誤差はゼロにならない（最小 2 乗解）．

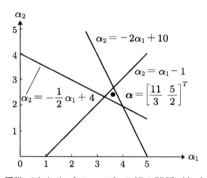

図 **4.6** 係数ベクトル（$N < K$）の解の関係（（**3**）の場合）

（**3**） $K < N$ の場合

$K < N$ なので，信号系は過剰系（フレーム）であり，未知数の数より方程式の数が少ないため，係数ベクトル解は一つに定まらない不定な解となる†．次式で表される解は**最小ノルム解**といわれる．

$$\boldsymbol{\alpha} = \boldsymbol{\varphi}^+\mathbf{f} \tag{4.89}$$

$$\boldsymbol{\varphi}^+ \equiv \boldsymbol{\varphi}^T(\boldsymbol{\varphi}\boldsymbol{\varphi}^T)^{-1} \tag{4.90}$$

---

† 信号系がフレームの場合には，たとえ $N = K$ でも近似解になることがある．

なお，式 (4.90) の解を与える行列も**擬似逆行列**または，**ムーア・ペンローズの逆行列**という．

　最小ノルム最小 2 乗解の射影子は，

$$\mathbf{P} = \boldsymbol{\varphi}\boldsymbol{\varphi}^T(\boldsymbol{\varphi}^T\boldsymbol{\varphi})^{-1} \tag{4.91}$$

と表される．最小ノルム最小 2 乗解は，無数に存在する解の中で係数ベクトルのノルム

$$\|\boldsymbol{\alpha}\|^2 = \boldsymbol{\alpha}^T\boldsymbol{\alpha} \tag{4.92}$$

を最小にする解である（原点からの距離が最小の係数ベクトル）．

例題 4.6

三つの信号系 $\boldsymbol{\varphi}$ と所望 2 次元ディジタル信号 $\mathbf{f}$ が以下のように与えられているとき，係数ベクトルと近似信号を求めなさい．また，$\boldsymbol{\alpha}$ を未知数として，グラフ表示しなさい．

$$\boldsymbol{\varphi}_1 = \begin{bmatrix} 1 & \frac{1}{2} \end{bmatrix}^T \tag{4.93}$$

$$\boldsymbol{\varphi}_2 = \begin{bmatrix} -1 & 1 \end{bmatrix}^T \tag{4.94}$$

$$\boldsymbol{\varphi}_3 = \begin{bmatrix} 1 & 2 \end{bmatrix}^T \tag{4.95}$$

$$\mathbf{f} = \begin{bmatrix} 2 & 4 \end{bmatrix}^T \tag{4.96}$$

［解］ 式 (4.90) より，最小ノルム解は

$$\boldsymbol{\alpha} = \boldsymbol{\varphi}^T(\boldsymbol{\varphi}\boldsymbol{\varphi}^T)^{-1}\mathbf{f}$$

$$= \begin{bmatrix} 1 & -1 & 1 \\ \frac{1}{2} & 1 & 2 \end{bmatrix}^T \begin{bmatrix} 3 & \frac{3}{2} \\ \frac{3}{2} & \frac{21}{4} \end{bmatrix}^{-1} \begin{bmatrix} 2 \\ 4 \end{bmatrix}$$

$$= \begin{bmatrix} 1 & \frac{1}{2} \\ -1 & 1 \\ 1 & 2 \end{bmatrix} \begin{bmatrix} \frac{7}{18} & -\frac{1}{9} \\ -\frac{1}{9} & \frac{2}{9} \end{bmatrix} \begin{bmatrix} 2 \\ 4 \end{bmatrix} = \frac{1}{3} \begin{bmatrix} 2 \\ 1 \\ 5 \end{bmatrix} \tag{4.97}$$

よって，

$$\mathbf{f}_N = \alpha_1\boldsymbol{\varphi}_1 + \alpha_2\boldsymbol{\varphi}_2 + \alpha_3\boldsymbol{\varphi}_3 = \frac{2}{3}\boldsymbol{\varphi}_1 + \frac{1}{3}\boldsymbol{\varphi}_2 + \frac{5}{3}\boldsymbol{\varphi}_3 = \begin{bmatrix} 2 \\ 4 \end{bmatrix} = \mathbf{f} \tag{4.98}$$

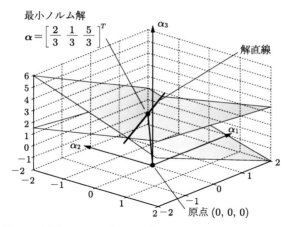

最小ノルム解
$$\boldsymbol{\alpha} = \begin{bmatrix} \dfrac{2}{3} & \dfrac{1}{3} & \dfrac{5}{3} \end{bmatrix}^T$$

解直線

α_3

α_1

α_2

原点 $(0, 0, 0)$

図 **4.7** 係数ベクトル（$K < N$）の解の関係（最小ノルム解）

となる．なお，式 (4.61) で与えられる最小 2 乗解では表せない．

一方，式 (4.38) より

$$\begin{cases} \alpha_1 - \alpha_2 + \alpha_3 = 2 & (4.99) \\ \dfrac{1}{2}\alpha_1 + \alpha_2 + 2\alpha_3 = 4 & (4.100) \end{cases}$$

となり，図 4.7 に示すように解は二つの平面の交わりの直線上に無数に存在するが，最小ノルム解は原点から距離が最小となる．　　■

4.5 反復的最小 2 乗解法

4.4 節では，ディジタル信号の近似のためには展開係数 $\boldsymbol{\alpha}$ を取得すればよいことを説明したが，本節ではそれを反復的解法により求めることについて検討する．

基本的な方針は，式 (4.47) の誤差関数を最小化するために，まず初期係数ベクトル $\boldsymbol{\alpha}_1$ を与え，誤差が減少するように逐次係数ベクトルを更新する．

誤差関数は式 (4.54) なので，**勾配ベクトル**は，

$$\begin{aligned} \nabla_{\alpha} E &= \frac{\partial E}{\partial \boldsymbol{\alpha}} = \frac{\partial E}{\partial \boldsymbol{\alpha}}(\mathbf{f}^T\mathbf{f} - \boldsymbol{\alpha}^T\boldsymbol{\varphi}^T\mathbf{f} - \mathbf{f}^T\boldsymbol{\varphi}\boldsymbol{\alpha} + \boldsymbol{\alpha}^T\boldsymbol{\varphi}^T\boldsymbol{\varphi}\boldsymbol{\alpha}) \\ &= 2\boldsymbol{\varphi}^T(\boldsymbol{\varphi}\boldsymbol{\alpha} - \mathbf{f}) \end{aligned} \qquad (4.101)$$

と表される．$\boldsymbol{\alpha} = \boldsymbol{\alpha}_k$（$k$：更新回数）での勾配方向は，

$$\boldsymbol{\alpha}_{k+1} - \boldsymbol{\alpha}_k \propto \nabla_{\alpha} E|_{\boldsymbol{\alpha} = \boldsymbol{\alpha}_k} \qquad (4.102)$$

を満たすので，係数 μ_k を用いて次式の反復的更新式を得る．

$$\boldsymbol{\alpha}_{k+1} = \boldsymbol{\alpha}_k - \mu_k \boldsymbol{\varphi}^T (\boldsymbol{\varphi} \boldsymbol{\alpha}_k - \mathbf{f}) \tag{4.103}$$

式 (4.103) は

$$\lim_{k \to \infty} \boldsymbol{\alpha}_k = \boldsymbol{\alpha}_* \tag{4.104}$$

のように解 $\boldsymbol{\alpha}_*$ に収束する[†].

例題 4.7

二つの信号系 $\boldsymbol{\varphi}$ と所望 2 次元ディジタル信号 $\mathbf{f}$ が以下のように与えられているとき，係数ベクトルと近似信号を反復的解法により求めなさい．ただし，式 (4.103) 中の係数は $\mu_k = 1/k$ とし，係数ベクトルの初期値は以下のように与える．

$$\boldsymbol{\varphi}_1 = \begin{bmatrix} 1 & \dfrac{1}{2} \end{bmatrix}^T \tag{4.105}$$

$$\boldsymbol{\varphi}_2 = \begin{bmatrix} -1 & 1 \end{bmatrix}^T \tag{4.106}$$

$$\mathbf{f} = \begin{bmatrix} 2 & 4 \end{bmatrix}^T \tag{4.107}$$

（1） $\boldsymbol{\alpha}_1 = [2 \ 1]^T$
（2） $\boldsymbol{\alpha}_1 = [1 \ 1]^T$

［**解**］ まず，（1）の初期値について検討する．式 (4.103) の更新式より $k = 1$ の係数ベクトルと近似信号は，

$$\boldsymbol{\alpha}_2 = \boldsymbol{\alpha}_1 - \mu_1 \boldsymbol{\varphi}^T (\boldsymbol{\varphi} \boldsymbol{\alpha}_1 - \mathbf{f})$$

$$= \begin{bmatrix} 2 \\ 1 \end{bmatrix} - \begin{bmatrix} 1 & \dfrac{1}{2} \\ -1 & 1 \end{bmatrix} \left(\begin{bmatrix} 1 & -1 \\ \dfrac{1}{2} & 1 \end{bmatrix} \begin{bmatrix} 2 \\ 1 \end{bmatrix} - \begin{bmatrix} 2 \\ 4 \end{bmatrix} \right) = \begin{bmatrix} 4 \\ 2 \end{bmatrix} \tag{4.108}$$

$$\mathbf{f}_2 = 4\boldsymbol{\varphi}_1 + 2\boldsymbol{\varphi}_2 = \begin{bmatrix} 2 \\ 4 \end{bmatrix} \tag{4.109}$$

のように所望信号と一致する．この場合，1 回目の更新で誤差ゼロに収束し，$\mathbf{f}_3$ 以降で値は変わらない．

一方，（2）の初期値では，$k = 1$ の係数ベクトルと近似信号は

$$\boldsymbol{\alpha}_2 = \boldsymbol{\alpha}_1 - \mu_1 \boldsymbol{\varphi}^T (\boldsymbol{\varphi} \boldsymbol{\alpha}_1 - \mathbf{f})$$

[†] 所望信号 $\mathbf{f}$ が雑音下で時間とともに変化するとき，$\boldsymbol{\alpha}$ を逐次的に求める方法として，カルマンフィルタが知られている．

$$= \begin{bmatrix} 1 \\ 1 \end{bmatrix} - \begin{bmatrix} 1 & \frac{1}{2} \\ -1 & 1 \end{bmatrix} \left(\begin{bmatrix} 1 & -1 \\ \frac{1}{2} & 1 \end{bmatrix} \begin{bmatrix} 1 \\ 1 \end{bmatrix} - \begin{bmatrix} 2 \\ 4 \end{bmatrix} \right) = \begin{bmatrix} \frac{17}{4} \\ \frac{3}{2} \end{bmatrix} = \begin{bmatrix} 4.25 \\ 1.5 \end{bmatrix}$$

$$\tag{4.110}$$

$$\mathbf{f}_2 = \frac{17}{4}\boldsymbol{\varphi}_1 + \frac{3}{2}\boldsymbol{\varphi}_2 = \begin{bmatrix} \frac{11}{4} \\ \frac{29}{8} \end{bmatrix} = \begin{bmatrix} 2.75 \\ 3.625 \end{bmatrix} \tag{4.111}$$

となり，$k = 2$ では

$$\boldsymbol{\alpha}_3 = \boldsymbol{\alpha}_2 - \mu_2 \boldsymbol{\varphi}^T (\boldsymbol{\varphi}\boldsymbol{\alpha}_2 - \mathbf{f}) = \begin{bmatrix} \frac{127}{32} \\ \frac{33}{16} \end{bmatrix} = \begin{bmatrix} 3.9688 \\ 2.0625 \end{bmatrix} \tag{4.112}$$

$$\mathbf{f}_3 = \frac{127}{32}\boldsymbol{\varphi}_1 + \frac{33}{16}\boldsymbol{\varphi}_2 = \begin{bmatrix} \frac{61}{32} \\ \frac{259}{64} \end{bmatrix} = \begin{bmatrix} 1.9063 \\ 4.0469 \end{bmatrix} \tag{4.113}$$

となる．以降，反復を繰り返していくと，

$$\boldsymbol{\alpha}_4 = \begin{bmatrix} \frac{511}{128} \\ \frac{129}{64} \end{bmatrix} = \begin{bmatrix} 3.9922 \\ 2.0156 \end{bmatrix}, \quad \boldsymbol{\alpha}_5 = \begin{bmatrix} \frac{8185}{2048} \\ \frac{2055}{1024} \end{bmatrix} = \begin{bmatrix} 3.9966 \\ 2.0068 \end{bmatrix}, \quad \boldsymbol{\alpha}_6 = \begin{bmatrix} 3.9981 \\ 2.0038 \end{bmatrix},$$

$$\boldsymbol{\alpha}_7 = \begin{bmatrix} 3.9988 \\ 2.0023 \end{bmatrix}, \quad \boldsymbol{\alpha}_8 = \begin{bmatrix} 3.9992 \\ 2.0016 \end{bmatrix}, \quad \boldsymbol{\alpha}_9 = \begin{bmatrix} 3.9994 \\ 2.0011 \end{bmatrix}, \quad \boldsymbol{\alpha}_{10} = \begin{bmatrix} 3.9996 \\ 2.0009 \end{bmatrix}, \quad \cdots$$

$$\tag{4.114}$$

$$\mathbf{f}_4 = \begin{bmatrix} \frac{253}{128} \\ \frac{1027}{256} \end{bmatrix} = \begin{bmatrix} 1.9766 \\ 4.0117 \end{bmatrix}, \quad \mathbf{f}_5 = \begin{bmatrix} \frac{4075}{2048} \\ \frac{16405}{4096} \end{bmatrix} = \begin{bmatrix} 1.9807 \\ 4.0051 \end{bmatrix}, \quad \mathbf{f}_6 = \begin{bmatrix} 1.9944 \\ 4.0028 \end{bmatrix},$$

$$\mathbf{f}_7 = \begin{bmatrix} 1.9965 \\ 4.0018 \end{bmatrix}, \quad \mathbf{f}_8 = \begin{bmatrix} 1.9976 \\ 4.0012 \end{bmatrix}, \quad \mathbf{f}_9 = \begin{bmatrix} 1.9983 \\ 4.0009 \end{bmatrix}, \quad \mathbf{f}_{10} = \begin{bmatrix} 1.9987 \\ 4.0006 \end{bmatrix}, \quad \cdots$$

$$\tag{4.115}$$

となる. 反復により係数ベクトルは $\boldsymbol{\alpha} = \begin{bmatrix} 4 & 2 \end{bmatrix}^T$ に近づき, 近似信号は所望信号 $\mathbf{f} = \begin{bmatrix} 2 & 4 \end{bmatrix}^T$ に近づくことがわかる.   ∎

反復を終了するための条件は, 十分大きい指定した更新回数に達したとき, 誤差値が十分小さくなるとき, 誤差の変化が小さくなったときなどの基準で定める. 反復法は, 近似解および最小ノルム解のいずれでも適用が可能である. なお, **例題4.7** のように, 反復的最小2乗法では, 初期値により異なる値に収束することに注意を要する.

第5章

信号の分析合成

本章では，信号のフィルタリングによる変換および逆変換と行列の関係について考察する．変換によって信号が分析され，展開係数が求められる．また，変換によって信号が合成され，展開表現となることを示す．

5.1 変換表現

5.1.1 分析システム

　図 5.1 に示す線形フィルタリングと分析（変換）の関係を考えよう．信号の分析とは，信号を成分に分けることであり，所望の成分を抽出したり，解析したりする際に用いられる．なお，入出力信号とも，N 次元信号とする．図 5.1(a) は，あるセンサーにおいて観測，取得した信号値の時間変化を表し，図 5.1(b) はある時刻で多センサーの信号を観測，取得した信号ベクトルを表す．

　時間または空間方向の**線形時不変フィルタリング**（畳み込み和）の入出力関係は，1.4 節で説明したように，インパルス応答を用いて

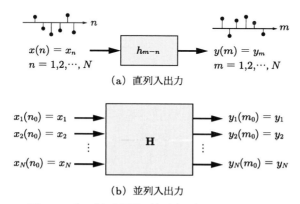

（a）直列入出力

（b）並列入出力

図 **5.1**　ディジタル信号の線形時不変フィルタリング

$$y_m = \sum_{n=1}^{N} h_{m-n} x_n$$
$$= h_{m-1}x_1 + h_{m-2}x_2 + \cdots + h_{m-N}x_N, \quad m = 1, 2, \cdots, N \tag{5.1}$$

と表され，行列を用いると

$$\mathbf{y} = \mathbf{H}\mathbf{x} \tag{5.2}$$

$$\begin{bmatrix} y_1 \\ y_2 \\ \vdots \\ y_N \end{bmatrix} = \begin{bmatrix} h_0 & h_1 & \cdots & h_{N-1} \\ h_1 & h_0 & \ddots & \vdots \\ \vdots & \ddots & \ddots & \vdots \\ h_{N-1} & \cdots & \cdots & h_0 \end{bmatrix} \begin{bmatrix} x_1 \\ x_2 \\ \vdots \\ x_N \end{bmatrix} \tag{5.3}$$

と表される（$h_{m-n} = h_{n-m}$ とする）．

次に，図 5.2 に示すように時刻 $t = 1, 2, \cdots, T$ での**多入力信号**（マルチチャネル信号）の線形時不変フィルタリングを検討する．

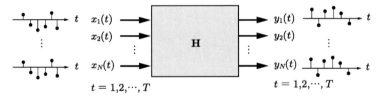

図 5.2 多入出力線形フィルタリング

入力信号ベクトルおよび出力信号ベクトルを

$$\mathbf{x}(t) = \begin{bmatrix} x_1(t) & x_2(t) & \cdots & x_N(t) \end{bmatrix}^T, \quad t = 1, 2, \cdots, T \tag{5.4}$$

$$\mathbf{y}(t) = \begin{bmatrix} y_1(t) & y_2(t) & \cdots & y_N(t) \end{bmatrix}^T, \quad t = 1, 2, \cdots, T \tag{5.5}$$

とおき，各時刻 t において，空間方向に線形時不変フィルタリングを行うと，

$$y_m(t) = h_{m-1}x_1(t) + h_{m-2}x_2(t) + \cdots + h_{m-N}x_N(t),$$
$$m = 1, 2, \cdots, N, \quad t = 1, 2, \cdots, T \tag{5.6}$$

と表される．空間方向のフィルタリングのインパルス応答行列を

$$\mathbf{H} = \begin{bmatrix} h_0 & h_{-1} & \cdots & h_{-(N-1)} \\ h_1 & h_0 & \ddots & \vdots \\ \vdots & \ddots & \ddots & \vdots \\ h_{N-1} & \cdots & \cdots & h_0 \end{bmatrix} = \begin{bmatrix} \mathbf{h}_1 & \mathbf{h}_2 & \cdots & \mathbf{h}_N \end{bmatrix} \qquad (5.7)$$

と表すと，出力信号ベクトルは

$$\begin{aligned} \mathbf{y}(t) &= \mathbf{H}\mathbf{x}(t) \\ &= x_1(t)\mathbf{h}_1 + x_2(t)\mathbf{h}_2 + \cdots + x_N(t)\mathbf{h}_N, \quad t = 1, 2, \cdots, T \end{aligned} \qquad (5.8)$$

と表される．これは，インパルス応答を要素とする基底と入力信号ベクトルを係数とする展開となっている．なお，すべての時刻の入出力信号をまとめて行列で表すこともでき，そうすると式 (5.8) は入力信号行列の変換の式となる．

5.1.2 合成システム

図 5.2 で示したフィルタリング後の信号 $\mathbf{y}(t)$ に対して，図 5.3 に示すインパルス応答行列 $\tilde{\mathbf{G}}$ を用いたフィルタリング（逆変換）により，元信号を復元する逆変換処理について検討する．

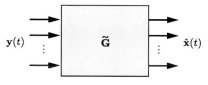

$\mathbf{y}(t)$　　$\tilde{\mathbf{G}}$　　$\hat{\mathbf{x}}(t)$

図 5.3　逆フィルタリング

$\hat{\mathbf{x}}(t) = \mathbf{x}(t)$ を満たすためにインパルス応答行列 $\tilde{\mathbf{G}}$ を横ベクトルを用いて表すと，

$$\tilde{\mathbf{G}} = \begin{bmatrix} \tilde{g}_0 & \tilde{g}_{-1} & \cdots & \tilde{g}_{-(N-1)} \\ \tilde{g}_1 & \tilde{g}_0 & \ddots & \vdots \\ \vdots & \ddots & \ddots & \vdots \\ \tilde{g}_{N-1} & \cdots & \cdots & \tilde{g}_0 \end{bmatrix} = \begin{bmatrix} \tilde{\mathbf{g}}_1^T \\ \tilde{\mathbf{g}}_2^T \\ \vdots \\ \tilde{\mathbf{g}}_N^T \end{bmatrix} \qquad (5.9)$$

となる．

出力信号ベクトルは，

$$\hat{x}_i(t) = \tilde{\mathbf{g}}_i^T \mathbf{y}(t), \quad i = 1, 2, \cdots, N, \quad t = 1, 2, \cdots, T \qquad (5.10)$$

と表されるので，行列を用いると，

$$\hat{\mathbf{x}}(t) = \tilde{\mathbf{G}}\mathbf{y}(t) = \begin{bmatrix} \tilde{\mathbf{g}}_1^T \\ \tilde{\mathbf{g}}_2^T \\ \vdots \\ \tilde{\mathbf{g}}_N^T \end{bmatrix} \mathbf{y}(t) \tag{5.11}$$

と表される.

したがって,

$$\hat{\mathbf{x}}(t) = \tilde{\mathbf{G}}\mathbf{y}(t) = \tilde{\mathbf{G}}\mathbf{H}\mathbf{x}(T) = \begin{bmatrix} \tilde{\mathbf{g}}_1^T \\ \tilde{\mathbf{g}}_2^T \\ \vdots \\ \tilde{\mathbf{g}}_N^T \end{bmatrix} \begin{bmatrix} \mathbf{h}_1 & \mathbf{h}_2 & \cdots & \mathbf{h}_N \end{bmatrix} \mathbf{x}(t) \tag{5.12}$$

$$\begin{bmatrix} \hat{x}_1(t) \\ \hat{x}_2(t) \\ \vdots \\ \hat{x}_N(t) \end{bmatrix} = \begin{bmatrix} \tilde{\mathbf{g}}_1^T\mathbf{h}_1 & \tilde{\mathbf{g}}_1^T\mathbf{h}_2 & \cdots & \tilde{\mathbf{g}}_1^T\mathbf{h}_N \\ \tilde{\mathbf{g}}_2^T\mathbf{h}_1 & \tilde{\mathbf{g}}_2^T\mathbf{h}_2 & \ddots & \vdots \\ \vdots & \ddots & \ddots & \vdots \\ \tilde{\mathbf{g}}_N^T\mathbf{h}_1 & \cdots & \cdots & \tilde{\mathbf{g}}_N^T\mathbf{h}_N \end{bmatrix} \begin{bmatrix} x_1(t) \\ x_2(t) \\ \vdots \\ x_N(t) \end{bmatrix}, \quad t = 1, 2, \cdots, T$$
$$\tag{5.13}$$

となるので, 再構成の条件は, インパルス応答を用いて

$$\tilde{\mathbf{g}}_i^T\mathbf{h}_j = \delta_{ij} \tag{5.14}$$

と表される.

例題 5.1
次のインパルス応答 (行列) による変換の逆システムを求めなさい.

$$\mathbf{H} = \begin{bmatrix} h_0 & 0 & 0 \\ h_1 & h_0 & 0 \\ h_2 & h_1 & h_0 \end{bmatrix} = \begin{bmatrix} 0.5 & 0 & 0 \\ 1 & 0.5 & 0 \\ 0.5 & 1 & 0.5 \end{bmatrix} \tag{5.15}$$

[解] 式 (5.12) および式 (5.14) より, 次のように求められる.

$$\tilde{\mathbf{G}} = \begin{bmatrix} g_0 & g_{-1} & g_{-2} \\ g_1 & g_0 & g_{-1} \\ g_2 & g_1 & g_0 \end{bmatrix} = \mathbf{H}^{-1} = \begin{bmatrix} 2 & 0 & 0 \\ -4 & 2 & 0 \\ 6 & -4 & 2 \end{bmatrix} \tag{5.16}$$

5.1.3 変換と基底

次に，基底行列と係数ベクトルの関係について，信号処理でよく用いられる DFT（離散フーリエ変換）の例を用いて検討しよう．

N 次元ディジタル信号（入力信号）を

$$\mathbf{f} = \begin{bmatrix} f(0) \ f(1) \ \cdots \ f(N-1) \end{bmatrix}^T \tag{5.17}$$

と表す．正規化した **DFT** およびその逆変換を

$$F[k] = \frac{1}{\sqrt{N}} \sum_{n=0}^{N-1} f(n) e^{-j\left(\frac{2\pi kn}{N}\right)}, \quad k = 0, 1, \cdots, N-1 \tag{5.18}$$

$$f(n) = \frac{1}{\sqrt{N}} \sum_{k=0}^{N-1} F[k] e^{j\left(\frac{2\pi kn}{N}\right)}, \quad n = 0, 1, \cdots, N-1 \tag{5.19}$$

と表すことにする．

DFT（出力信号）を

$$\mathbf{F} = \begin{bmatrix} F[0] \ F[1] \ \cdots \ F[N-1] \end{bmatrix}^T \tag{5.20}$$

のようにベクトル表現し，DFT 変換の行列（DFT 基底行列）φ を

$$
\begin{aligned}
\varphi &= \begin{bmatrix} \varphi_0 \ \varphi_1 \ \cdots \ \varphi_{N-1} \end{bmatrix} \\
&= \frac{1}{\sqrt{N}} \begin{bmatrix}
W_N^0 & W_N^0 & W_N^0 & \cdots & W_N^0 \\
W_N^0 & W_N^1 & W_N^2 & \cdots & W_N^{N-1} \\
\vdots & \vdots & & \ddots & \vdots \\
W_N^0 & W_N^{N-1} & W_N^{(N-1)2} & \cdots & W_N^{(N-1)(N-1)}
\end{bmatrix}
\end{aligned} \tag{5.21}
$$

$$W_N = e^{-j\frac{2\pi}{N}} \tag{5.22}$$

$$\varphi_n = \frac{1}{\sqrt{N}} \begin{bmatrix}
e^{-j\frac{2\pi n}{N}0} \\
e^{-j\frac{2\pi n}{N}1} \\
\vdots \\
e^{-j\frac{2\pi n}{N}(N-1)}
\end{bmatrix} = \frac{1}{\sqrt{N}} \begin{bmatrix}
1 \\
W_N^n \\
\vdots \\
W_N^{n\cdot(N-1)}
\end{bmatrix} \tag{5.23}$$

と表すと，

$$\mathbf{F} = \varphi\mathbf{f} = \begin{bmatrix} \varphi_0 & \varphi_1 & \cdots & \varphi_{N-1} \end{bmatrix} \mathbf{f} = \begin{bmatrix} \varphi_0^T \\ \varphi_1^T \\ \vdots \\ \varphi_{N-1}^T \end{bmatrix} \mathbf{f} \tag{5.24}$$

$$\varphi^H = \varphi^* = \frac{1}{\sqrt{N}} \begin{bmatrix} W_N^0 & W_N^0 & \cdots & W_N^0 & \cdots & W_N^0 \\ W_N^0 & W_N^{-1} & \cdots & W_N^{-(k-1)} & \cdots & W_N^{-(N-1)} \\ \vdots & \vdots & \ddots & \vdots & \ddots & \vdots \\ W_N^0 & W_N^{-(N-1)} & \cdots & W_N^{-(N-1)(k-1)} & \cdots & W_N^{-(N-1)(N-1)} \end{bmatrix} \tag{5.25}$$

と表せる[†]. 式 (5.24) は式 (5.18) の基底表現である.

なお，IDFT は

$$\mathbf{f} = \varphi^H \mathbf{F} \tag{5.26}$$

と表され，式 (5.19) の基底表現である.

例題 5.2

式 (5.21) で表される DFT 基底行列に，以下の信号ベクトルを入力したときの出力信号ベクトルを求めなさい.
  （1） $\mathbf{f} = [0 \cdots 0\ 1\ 0 \cdots 0]^T$（$k$ 番目の要素が 1 でその他はゼロ）
  （2） $\mathbf{f} = [0 \cdots 0\ 0.5\ 0.5\ 0 \cdots 0]^T$（$k$ 番目と $k+1$ 番目の要素が 0.5 でその他はゼロ）
  （3） $\mathbf{f} = \varphi_k^*$

［解］（1）の信号を入力とすると

$$\mathbf{F} = \frac{1}{\sqrt{N}} \begin{bmatrix} W_N^0 & W_N^{(k-1)} & \cdots & W_N^{(N-1)(k-1)} \end{bmatrix}^T = \varphi_{k-1} \tag{5.27}$$

となり，図 5.4(a) に示すように，式 (5.21) の DFT 基底行列の第 k 列目を出力として抜き出すことになる. 第 k 番目の基底が活性化していることを意味する.

また，（2）の信号を入力すると，

$$\mathbf{F} = \frac{1}{\sqrt{N}} \begin{bmatrix} 2W_N^0 & 0.5W_N^{(k-1)} + 0.5W_N^{(k-1)2} & \cdots & 0.5W_N^{(N-1)(k-1)} + 0.5W_N^{(N-1)k} \end{bmatrix}^T$$
$$= 0.5\varphi_{k-1} + 0.5\varphi_k \tag{5.28}$$

となり，式 (5.21) の DFT 基底行列の第 k 列目を 0.5 倍した信号と第 $k+1$ 番目の信号を

[†] DFT 行列はユニタリ行列であるが，式 (5.21) および式 (5.25) より $\varphi^H = \varphi^*$ を満たす.

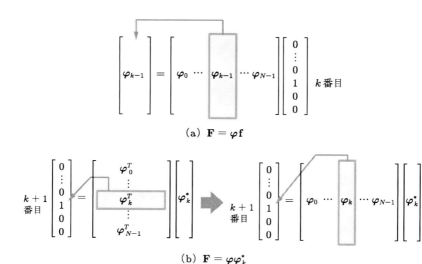

(a) $\mathbf{F} = \boldsymbol{\varphi}\mathbf{f}$

(b) $\mathbf{F} = \boldsymbol{\varphi}\boldsymbol{\varphi}_k^*$

図 5.4　基底行列の操作

0.5 倍して加えた信号を出力として抜き出す.

さらに（3）の信号を入力すると,

$$\mathbf{F} = \frac{1}{\sqrt{N}} \begin{bmatrix} 0 & \cdots & 0 & 1 & 0 & \cdots & 0 \end{bmatrix}^T \tag{5.29}$$

となり, 図 5.4(b) に示すように入力と共役な関係になる基底行列の行番号（第 $k+1$ 番目）の値が 1 となる.

次に, 十分長い信号長 $M = N \cdot R$ の入力信号 x に対し, 以下のように信号長が N である R 個の小ブロック分割を考える.

$$\mathbf{x} = \Big[\underbrace{x(0)x(1)\cdots x(N-1)}_{\mathbf{x}_1^T} \ \underbrace{x(N)x(N+1)\cdots x(2N-1)}_{\mathbf{x}_2^T}$$

$$\cdots \underbrace{x((R-1)N-1)\cdots x(RN-1)}_{\mathbf{x}_R^T} \Big]^T \tag{5.30}$$

各ブロックをベクトル要素とする行列を

$$\mathbf{X} = \begin{bmatrix} \mathbf{x}_1 & \mathbf{x}_2 & \cdots & \mathbf{x}_R \end{bmatrix} \tag{5.31}$$

と表すと, DFT 基底行列による変換は

$$\mathbf{Y} = \boldsymbol{\varphi}\mathbf{X} \tag{5.32}$$

と表される．ただし，出力行列を

$$\mathbf{Y} = \begin{bmatrix} \mathbf{y}_1 \ \mathbf{y}_2 \ \cdots \ \mathbf{y}_R \end{bmatrix} \tag{5.33}$$

のように各ブロックの DFT とする．

なお，各入出力信号ベクトルには，

$$\mathbf{y}_i = \boldsymbol{\varphi}\mathbf{x}_i, \quad i = 1, 2, \cdots, R \tag{5.34}$$

の関係がある．式 (5.32) は

$$\begin{bmatrix} \mathbf{y}_1 \ \mathbf{y}_2 \ \cdots \ \mathbf{y}_N \end{bmatrix} = \begin{bmatrix} \boldsymbol{\varphi}_0 \ \boldsymbol{\varphi}_1 \ \cdots \ \boldsymbol{\varphi}_{N-1} \end{bmatrix} \begin{bmatrix} \mathbf{x}_1 \ \mathbf{x}_2 \ \cdots \ \mathbf{x}_N \end{bmatrix}$$

$$= \begin{bmatrix} \boldsymbol{\varphi}_0^T \\ \boldsymbol{\varphi}_1^T \\ \vdots \\ \boldsymbol{\varphi}_{N-1}^T \end{bmatrix}^T \begin{bmatrix} \mathbf{x}_1 \ \mathbf{x}_2 \ \cdots \ \mathbf{x}_N \end{bmatrix} \tag{5.35}$$

と表される．図 5.5(a) に式 (5.34) および式 (5.35) で各信号ブロックが DFT 変換される様子を示した．

一方，図 5.5(b) は各行列の関係を物理量とともに表記した図である．行列 $\mathbf{Y}$ は各ブロック $\mathbf{x}_i$ の DFT を要素とするが，これらは一定時間間隔での周波数成分の分布を表す．また，行列 $\mathbf{X}$ の要素は係数ベクトルから構成されるが，これはある時刻で基底

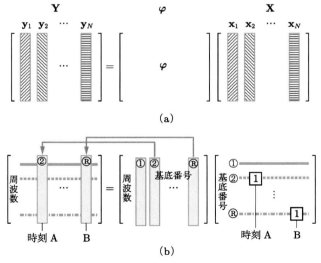

(a)

(b)

図 5.5 DFT 変換行列と基底行列 $\begin{bmatrix} \mathbf{y}_1 \ \mathbf{y}_2 \ \cdots \ \mathbf{y}_N \end{bmatrix} = \boldsymbol{\varphi}\begin{bmatrix} \mathbf{x}_1 \ \mathbf{x}_2 \ \cdots \ \mathbf{x}_N \end{bmatrix}$

（基底番号で区別している）が活性化している度合いを表す．図 5.4(a) を参考にすると，$\mathbf{X}$ の各行において要素値が大きい（2 値の場合は値 1 をもつ）基底番号に該当する基底が選択され（活性化），他の小さい要素値（2 値の場合は値 0 をもつ）の基底は選ばれていない（非活性化）ことを表す．図 5.5(b) の例では時刻 A では基底番号②，時刻 B では基底番号Ⓡの基底が活性化している．

なお，$\mathbf{Y}$ の要素をパワースペクトルとするとスペクトログラムとなる．スペクトログラム（非負値）を非負値の行列の積（基底行列 φ と**活性化行列** $\mathbf{X}$）に逐次的に分解する方法を**非負値行列分解**（NMF）という．

5.2 信号変換

5.2.1 サンプリングレート変換

図 5.6 に示すような，ディジタル信号のサンプリングレートを増減する処理について検討する．

信号 $x(n)$ のサンプリングレートを比率 R で低下させる**ダウンサンプリング**は

$$x_D(m) = x(Rm) \tag{5.36}$$

と表され，信号を間引く処理である．反対に信号 $x(n)$ のサンプリングレートを比率 R で上昇させる**アップサンプリング**は

$$x_U(m) = \begin{cases} x\left(\dfrac{m}{R}\right), & m = 0, \pm R, \pm 2R, \cdots \\ 0, & \text{その他} \end{cases} \tag{5.37}$$

と表され，信号数を増加させる処理である．

したがって，信号 $x(n)$ に対して，ダウンサンプリングに引き続き，アップサンプリングを施すと，

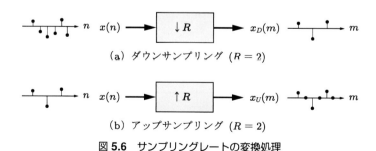

（a）ダウンサンプリング（$R = 2$）

（b）アップサンプリング（$R = 2$）

図 5.6 サンプリングレートの変換処理

$$x_{UD}(m) = \begin{cases} x(m), & m = 0, \pm R, \pm 2R, \cdots \\ 0, & \text{その他} \end{cases} \tag{5.38}$$

が得られ，すなわち

$$x_{UD}(m) = \sum_{r=0}^{N/R} x(m - rR) \tag{5.39}$$

となる．

　上述したサンプリングレートの変換は行列で表せる．比率 R のダウンサンプリングは，1 行目のベクトル（最初の要素が 1 でその他はゼロのベクトル）を各 n 行目で $n \times (R-1)$ だけ右方向へ移動したものを要素ベクトルとすることで作成する．たとえば，$R = 2$ のダウンサンプリング行列は

$$\mathbf{D} = \begin{bmatrix} 1 & 0 & 0 & \cdots & & & \cdots & 0 & 0 \\ 0 & 0 & 1 & \ddots & & & & & 0 \\ \vdots & \ddots & 0 & 0 & 1 & & & & \vdots \\ 0 & & & & & \ddots & \ddots & & 0 \\ 0 & 0 & \cdots & & & \cdots & 0 & 0 & 1 \end{bmatrix} \tag{5.40}$$

と表される．

　一方，アップサンプリングは列方向の移動になる．1 列目のベクトル（最初の要素が 1 でその他はゼロのベクトル）を各 n 列目で $n \times (R-1)$ だけ下方向へ移動したものを要素ベクトルとすることで作成する．たとえば，$R = 2$ のアップサンプリング行列は

$$\mathbf{U} = \mathbf{D}^T = \begin{bmatrix} 1 & 0 & \cdots & 0 & 0 \\ 0 & 0 & & & 0 \\ 0 & 1 & 0 & & \vdots \\ \vdots & \ddots & 0 & & \\ & \ddots & 1 & \ddots & \\ & & 0 & \ddots & \\ & & & \ddots & \vdots \\ \vdots & & 0 & 0 \\ 0 & & & 0 & 0 \\ 0 & 0 & \cdots & 0 & 1 \end{bmatrix} \tag{5.41}$$

と表される.

5.2.2 アダマール変換

アダマール変換は，加減算のみの少ない演算量で実現される，通信システムでの符号化などで適用されている変換である．2次アダマール行列は，± 1 を要素とする行列

$$\mathbf{H}(2) = \begin{bmatrix} 1 & 1 \\ 1 & -1 \end{bmatrix} \tag{5.42}$$

と定義されている．アダマール行列は，対称行列であり，直交行列に準じた次式を満たす．

$$\frac{1}{2}\mathbf{H}(2)\mathbf{H}(2)^T = \frac{1}{2}\mathbf{H}(2)^T\mathbf{H}(2) = \mathbf{I}_{2\times 2} \tag{5.43}$$

$\mathbf{I}_{2\times 2}$ は，2×2 の単位行列である．さらに，式 (5.42) の2次行列に対して，クロネッカー積（**直積**）を適用する．

クロネッカー積とは，二つのアダマール行列の要素を式 (5.44) および式 (5.45) のように定義したとき，式 (5.46) に示す演算として表される．

$$\mathbf{H}(m) = [b_{ij}] \tag{5.44}$$

$$\mathbf{H}(l) = [a_{ij}] \tag{5.45}$$

$$\mathbf{H}(l) \otimes \mathbf{H}(m) = \begin{bmatrix} a_{11}\mathbf{H}(m) & a_{12}\mathbf{H}(m) & \cdots & a_{il}\mathbf{H}(m) \\ a_{21}\mathbf{H}(m) & a_{22}\mathbf{H}(m) & \cdots & \vdots \\ \vdots & & \ddots & \vdots \\ a_{l1}\mathbf{H}(m) & \cdots & \cdots & a_{ll}\mathbf{H}(m) \end{bmatrix} \tag{5.46}$$

クロネッカー積を下式のように2次アダマール行列に適用していくことで，高次のアダマール行列の拡大手順を得る．これをシルベスタ（Sylvester）の拡大という．

$$\mathbf{H}(n) = \begin{bmatrix} \mathbf{H}(n-1) & \mathbf{H}(n-1) \\ \mathbf{H}(n-1) & -\mathbf{H}(n-1) \end{bmatrix} = \mathbf{H}(2) \otimes \mathbf{H}(n-1), \quad n = 3, 4, \cdots \tag{5.47}$$

例題 5.3
$2^2 = 4$ 次アダマール行列および $2^3 = 8$ 次アダマール行列を求めなさい．

[解]

$$\mathbf{H}(3) = \begin{bmatrix} \mathbf{H}(2) & \mathbf{H}(2) \\ \mathbf{H}(2) & -\mathbf{H}(2) \end{bmatrix} = \begin{bmatrix} \begin{bmatrix} 1 & 1 \\ 1 & -1 \end{bmatrix} & \begin{bmatrix} 1 & 1 \\ 1 & -1 \end{bmatrix} \\ \begin{bmatrix} 1 & 1 \\ 1 & -1 \end{bmatrix} & -\begin{bmatrix} 1 & 1 \\ 1 & -1 \end{bmatrix} \end{bmatrix} = \begin{bmatrix} 1 & 1 & 1 & 1 \\ 1 & -1 & 1 & -1 \\ 1 & 1 & -1 & -1 \\ 1 & -1 & -1 & 1 \end{bmatrix}$$
(5.48)

となり，$2^3 = 8$ 次アダマール行列は，

$$\mathbf{H}(4) = \begin{bmatrix} +1 & +1 & +1 & +1 & +1 & +1 & +1 & +1 \\ +1 & -1 & +1 & -1 & +1 & -1 & +1 & -1 \\ +1 & +1 & -1 & -1 & +1 & +1 & -1 & -1 \\ +1 & -1 & -1 & +1 & +1 & -1 & -1 & +1 \\ +1 & +1 & +1 & +1 & -1 & -1 & -1 & -1 \\ +1 & -1 & +1 & -1 & -1 & +1 & -1 & +1 \\ +1 & +1 & -1 & -1 & -1 & -1 & +1 & +1 \\ +1 & -1 & -1 & +1 & -1 & +1 & +1 & -1 \end{bmatrix}$$
(5.49)

と表される．

なお，2^n 次のアダマール行列は，

$$\mathbf{H}(n)^T = \mathbf{H}(n)$$
(5.50)

$$\frac{1}{2^n}\mathbf{H}(n)^T \mathbf{H}(n) = \mathbf{I}(n)$$
(5.51)

$$\mathbf{H}(n)^{-1} = 2^{-n}\mathbf{H}(n)$$
(5.52)

を満たす．また，アダマール行列において，任意の二つの行同士，または列同士を交換したり，任意の行または列同士のすべての要素に -1 を乗算したりしても式 (5.51) の直交性に準じる条件を満たす．

アダマール行列の行ベクトルはウォルシュ関数[†]と同一となる場合があり，同一な行列はウォルシュ・アダマール行列（WH 行列）という．WH 行列に対しては，DFT と同様に高速変換および逆変換のアルゴリズムが知られている．

[†] ウォルシュ関数は，±1 を要素とする 2 値の信号であるが，アダマール変換と同様に信号処理での演算は加減算のみとなる．また，ハードウェア化が容易で高速性にすぐれるという特長をもつ．

5.2.3 ウェーブレット変換

本項では簡単な**ハールウェーブレット**を示す．ハールウェーブレットとは，分析・合成フィルタバンクをハール関数で実現するものである．最も基本的な分析・合成フィルタバンクは，入力信号を低周波成分と高周波成分に分解し，再び元の信号を再構成するシステムである．縦続に接続することでスペクトルアナライザやデータ圧縮のための多重解像度表現を実現する．ハールウェーブレットは ± 1 を要素とするハール関数によるフィルタで実現するため，エッジを含む画像解析を高速に行える．信号長 8 の場合のハール関数を用いた LPF およびダウンサンプリング処理を施す行列は，

$$
\begin{aligned}
\mathbf{L} &= \begin{bmatrix}
\frac{1}{\sqrt{2}} & \frac{1}{\sqrt{2}} & 0 & 0 & 0 & 0 & 0 & 0 \\
0 & 0 & \frac{1}{\sqrt{2}} & \frac{1}{\sqrt{2}} & 0 & 0 & 0 & 0 \\
0 & 0 & 0 & 0 & \frac{1}{\sqrt{2}} & \frac{1}{\sqrt{2}} & 0 & 0 \\
0 & 0 & 0 & 0 & 0 & 0 & \frac{1}{\sqrt{2}} & \frac{1}{\sqrt{2}}
\end{bmatrix} \\
&= \frac{1}{\sqrt{2}} \begin{bmatrix}
1 & 1 & 0 & 0 & 0 & 0 & 0 & 0 \\
0 & 0 & 1 & 1 & 0 & 0 & 0 & 0 \\
0 & 0 & 0 & 0 & 1 & 1 & 0 & 0 \\
0 & 0 & 0 & 0 & 0 & 0 & 1 & 1
\end{bmatrix}
\end{aligned} \tag{5.53}
$$

と表される．$\mathbf{f} = \begin{bmatrix} f(0) & f(1) & \cdots & f(7) \end{bmatrix}^T$ に式 (5.53) の処理を施すと

$$
\begin{aligned}
\mathbf{x} &= \frac{1}{\sqrt{2}} \begin{bmatrix}
1 & 1 & 0 & 0 & 0 & 0 & 0 & 0 \\
0 & 0 & 1 & 1 & 0 & 0 & 0 & 0 \\
0 & 0 & 0 & 0 & 1 & 1 & 0 & 0 \\
0 & 0 & 0 & 0 & 0 & 0 & 1 & 1
\end{bmatrix} \begin{bmatrix}
f(0) \\ f(2) \\ \vdots \\ f(7)
\end{bmatrix} = \frac{1}{\sqrt{2}} \begin{bmatrix}
f(0) + f(1) \\ f(2) + f(3) \\ f(4) + f(5) \\ f(6) + f(7)
\end{bmatrix} \\
&= \begin{bmatrix}
x(0) \\ x(1) \\ x(2) \\ x(3)
\end{bmatrix}
\end{aligned} \tag{5.54}
$$

と表される分析出力信号を得る．

また，HPF およびダウンサンプリングを施す処理は

$$\mathbf{H} = \begin{bmatrix} \dfrac{1}{\sqrt{2}} & -\dfrac{1}{\sqrt{2}} & 0 & 0 & 0 & 0 & 0 & 0 \\ 0 & 0 & \dfrac{1}{\sqrt{2}} & -\dfrac{1}{\sqrt{2}} & 0 & 0 & 0 & 0 \\ 0 & 0 & 0 & 0 & \dfrac{1}{\sqrt{2}} & -\dfrac{1}{\sqrt{2}} & 0 & 0 \\ 0 & 0 & 0 & 0 & 0 & 0 & \dfrac{1}{\sqrt{2}} & -\dfrac{1}{\sqrt{2}} \end{bmatrix}$$

$$= \frac{1}{\sqrt{2}} \begin{bmatrix} 1 & -1 & 0 & 0 & 0 & 0 & 0 & 0 \\ 0 & 0 & 1 & -1 & 0 & 0 & 0 & 0 \\ 0 & 0 & 0 & 0 & 1 & -1 & 0 & 0 \\ 0 & 0 & 0 & 0 & 0 & 0 & 1 & -1 \end{bmatrix} \tag{5.55}$$

と表され，もう一つの分析出力信号

$$\mathbf{y} = \frac{1}{\sqrt{2}} \begin{bmatrix} 1 & -1 & 0 & 0 & 0 & 0 & 0 & 0 \\ 0 & 0 & 1 & -1 & 0 & 0 & 0 & 0 \\ 0 & 0 & 0 & 0 & 1 & -1 & 0 & 0 \\ 0 & 0 & 0 & 0 & 0 & 0 & 1 & -1 \end{bmatrix} \begin{bmatrix} f(0) \\ f(2) \\ \vdots \\ f(7) \end{bmatrix}$$

$$= \frac{1}{\sqrt{2}} \begin{bmatrix} f(0) - f(1) \\ f(2) - f(3) \\ f(4) - f(5) \\ f(6) - f(7) \end{bmatrix} = \begin{bmatrix} y(0) \\ y(1) \\ y(2) \\ y(3) \end{bmatrix} \tag{5.56}$$

を得る．

一方，アップサンプリングと LPF および HPF を行う処理はそれぞれ，

$$\mathbf{L}^T = \frac{1}{\sqrt{2}} \begin{bmatrix} 1 & 0 & 0 & 0 \\ 1 & 0 & 0 & 0 \\ 0 & 1 & 0 & 0 \\ 0 & 1 & 0 & 0 \\ 0 & 0 & 1 & 0 \\ 0 & 0 & 1 & 0 \\ 0 & 0 & 0 & 1 \\ 0 & 0 & 0 & 1 \end{bmatrix} \tag{5.57}$$

および

$$\mathbf{H}^T = \frac{1}{\sqrt{2}} \begin{bmatrix} 1 & 0 & 0 & 0 \\ -1 & 0 & 0 & 0 \\ 0 & 1 & 0 & 0 \\ 0 & -1 & 0 & 0 \\ 0 & 0 & 1 & 0 \\ 0 & 0 & -1 & 0 \\ 0 & 0 & 0 & 1 \\ 0 & 0 & 0 & -1 \end{bmatrix} \tag{5.58}$$

と表される.

　以上より，ウェーブレット変換を構成する基本ユニットである2分割分析フィルタバンクとして処理をまとめて表すと，

$$\begin{bmatrix} \mathbf{x} \\ \mathbf{y} \end{bmatrix} = \begin{bmatrix} \mathbf{L} \\ \mathbf{H} \end{bmatrix} \mathbf{f} \tag{5.59}$$

と表され，合成フィルタバンクは，

$$\hat{\mathbf{f}} = \begin{bmatrix} \mathbf{L}^T & \mathbf{H}^T \end{bmatrix} \begin{bmatrix} \mathbf{x} \\ \mathbf{y} \end{bmatrix} \tag{5.60}$$

と表される.

　したがって，完全再構成の条件は，

$$\begin{bmatrix} \mathbf{L}^T & \mathbf{H}^T \end{bmatrix} \begin{bmatrix} \mathbf{L} \\ \mathbf{H} \end{bmatrix} = \mathbf{L}^T \mathbf{L} + \mathbf{H}^T \mathbf{H} = \mathbf{I} \tag{5.61}$$

と表される.

　ウェーブレット変換を用いた多重解像度変換は，LPF とダウンサンプリングを施した信号 x に対して，再び LPF とダウンサンプリングおよび HPF とダウンサンプリングを施すことで実現する.

例題 5.4
$N = 4$ の場合のハールウェーブレット変換行列について，式 (5.61) が成立することを示しなさい.

〔**解**〕　式 (5.53)，式 (5.55) および式 (5.61) より

$$\mathbf{L}^T\mathbf{L} + \mathbf{H}^T\mathbf{H} = \frac{1}{2}\begin{bmatrix} 1 & 1 & 0 & 0 \\ 1 & 1 & 0 & 0 \\ 0 & 0 & 1 & 1 \\ 0 & 0 & 1 & 1 \end{bmatrix} + \frac{1}{2}\begin{bmatrix} 1 & -1 & 0 & 0 \\ -1 & 1 & 0 & 0 \\ 0 & 0 & 1 & -1 \\ 0 & 0 & -1 & 1 \end{bmatrix} = \mathbf{I} \quad (5.62)$$

のように成立する. ▮

5.2.4 数論変換

　これまでは，信号値を複素数とする DFT や実数とするアダマール変換を紹介した．本項では，信号値を**整数**に限定する**数論変換**について説明する．数論変換は，巡回畳み込み和の計算に用いられる．DFT 等と比べて有限語長（実数の量子化誤差）演算による雑音が生じないという特長をもつ．N 次のフェルマー数論変換および逆変換は

$$F[k] = \sum_{n=0}^{N-1} f(n)\alpha^{kn} \mod M = N+1, \quad k = 0,1,\cdots,N-1 \quad (5.63)$$

$$f(n) = \frac{1}{N}\sum_{k=0}^{N-1} F[k]\alpha^{-kn} \mod M = N+1, \quad n = 0,1,\cdots,N-1 \quad (5.64)$$

と定義されている．ただし，これは合同式（mod 演算）である．mod 演算による正規直交系条件は

$$\frac{1}{N}\sum_{n=0}^{N-1} \alpha^{kn}\alpha^{-ln} = \begin{cases} 1 \mod M, & \langle k \rangle_N = \langle l \rangle_N \\ 0 \mod M, & \text{その他} \end{cases} \quad (5.65)$$

と表される．ただし，$r = \langle k \rangle_N$ は $N = M-1$ を法とする r の剰余を表す．

　$M = 7$ とするフェルマー数輪変換を示す．**フェルマーの定理**より，

$$\alpha^{M-1} = 1 \mod M \quad (5.66)$$

を満たす α を原始根といい，$\alpha = 3$，$N = 6$ となり，

$$\mathbf{A} = [\alpha^{kn}] = \begin{bmatrix} 1 & 1 & 1 & 1 & 1 & 1 \\ 1 & 3 & 3^2 & 3^3 & 3^4 & 3^5 \\ 1 & 3^2 & 3^4 & 3^6 & 3^8 & 3^{10} \\ 1 & 3^3 & 3^6 & 3^9 & 3^{12} & 3^{15} \\ 1 & 3^4 & 3^8 & 3^{12} & 3^{16} & 3^{20} \\ 1 & 3^5 & 3^{10} & 3^{15} & 3^{20} & 3^{25} \end{bmatrix}$$

$$= \begin{bmatrix} 1 & 1 & 1 & 1 & 1 & 1 \\ 1 & 3 & 2 & 6 & 4 & 5 \\ 1 & 2 & 4 & 1 & 2 & 4 \\ 1 & 6 & 1 & 6 & 1 & 6 \\ 1 & 4 & 2 & 1 & 4 & 2 \\ 1 & 5 & 4 & 6 & 2 & 3 \end{bmatrix} \bmod 7 \tag{5.67}$$

$$\mathbf{A}^{-1} = [\alpha^{-kn}] = \frac{1}{6} \begin{bmatrix} 1 & 1 & 1 & 1 & 1 & 1 \\ 1 & 3^{-1} & 3^{-2} & 3^{-3} & 3^{-4} & 3^{-5} \\ 1 & 3^{-2} & 3^{-4} & 3^{-6} & 3^{-8} & 3^{-10} \\ 1 & 3^{-3} & 3^{-6} & 3^{-9} & 3^{-12} & 3^{-15} \\ 1 & 3^{-4} & 3^{-8} & 3^{-12} & 3^{-16} & 3^{-20} \\ 1 & 3^{-5} & 3^{-10} & 3^{-15} & 3^{-20} & 3^{-25} \end{bmatrix}$$

$$= 6 \begin{bmatrix} 1 & 1 & 1 & 1 & 1 & 1 \\ 1 & 5 & 4 & 6 & 2 & 3 \\ 1 & 4 & 2 & 1 & 4 & 2 \\ 1 & 6 & 1 & 6 & 1 & 6 \\ 1 & 2 & 4 & 1 & 2 & 4 \\ 1 & 3 & 2 & 6 & 4 & 5 \end{bmatrix} \bmod 7 \tag{5.68}$$

と表される．なお，$1/6 = 6 \bmod 7$ である．**整数環**による演算の長所は，有限語長下でも演算誤差が生じないことである．この性質をディジタル信号とインパルス応答信号の畳み込み演算に適用できる．1.3 節でみたように，畳み込み和は，DFT により周波数変換領域での積となる．同様に，数論変換においても畳み込み和が積となるので，数論変換により，

$$\mathbf{Y} = \mathbf{H}\mathbf{X} \tag{5.69}$$

を計算し，逆変換により

$$\mathbf{y} = \mathbf{A}^{-1}\mathbf{Y} \tag{5.70}$$

を得ることができる．整数論の演算においては，演算上の誤差は発生しない．ただし，信号長に制約があることや，また，**ダイナミックレンジ**が増大するという欠点も知られている．整数環の他にも，**ガロア体**や**多項式環**における数論変換が考案されている．

第 **6** 章

確率と不規則信号

本章では，信号を確率・統計的に扱うための基礎知識として，確率と統計の基本事項をまとめている．また，簡単な不規則信号の例を用いて，信号の確率・統計的な扱いについて説明する．不規則信号では，出現確率や信号値の平均や分散など確率的な規則性に注目することが重要である．情報源からの信号を，確率法則や統計量を指標とした信号集合として表すことにしよう．

6.1 信号の不規則性

　本節では，まず，第 3 章で説明した座標系による信号表現と信号の不規則性の関係について簡単に説明する．図 6.1 に，座標系を用いた不規則信号の概念図を示す．図 6.1(a) の決定論的信号では，信号値がある時刻で確定するため係数の分散はゼロとなり，1 点として表されている．観測で取得した標本信号の分散がゼロであれば，一つの標本信号が全体を表す．図 6.1(b) は信号に雑音が付加されたときの係数を表している．また，図 6.1(c) では標本信号の集合が不規則信号を表し，係数は平均を中心とした分布として表現される．このように，雑音等により係数は不規則に分布することがわかる．

　具体的に分布や頻度のばらつきを数値化する必要があるが，確率的な変動を表す統計量として平均（1 次統計量）や分散（2 次統計量）が知られている．分散は散らばりの度合いを表すが，不規則信号ではゼロにならないでさまざまな形状をとる．確率密度関数が未知の不規則信号の統計量を得るためには，十分な数で，しかも偏りのない

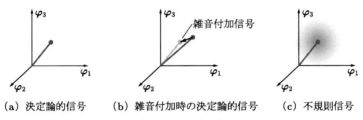

　　（a）決定論的信号　　　（b）雑音付加時の決定論的信号　　　（c）不規則信号

図 **6.1**　不規則信号の座標系での概念図

標本信号を入手して推定する必要がある．不規則信号に対しては，3 次以上の統計量を用いることではじめて確率，統計的な差異がみえてくることもある．

6.2 確率

6.2.1 確率と事象

（1） 事象の確率

ある事象に関する全体の集合で，確率に関する演算が定義されているものを**標本空間**という．**事象**は，標本空間の部分集合である．標本空間における空集合は**空事象**という．標本空間の要素を選び出すことを**試行**，あるいは**実験**という．

事象 A について事象が起こる**確率**を $P(A)$ と表し，式 (6.1) のように定義する．

$$P(A) = \lim_{N \to \infty} \frac{N_A}{N} \tag{6.1}$$

N は試行の回数であり，N_A は事象 A が起こる回数である．

確率については，以下の関係式が成り立つ．

1. $0 \leq P(A) \leq 1$
2. $P(\Omega) = 1$ （Ω は事象全体の標本空間）

なお，各事象 A，B，C が同時に起きることがなければ，

$$A \cap B \cap C = \phi \tag{6.2}$$

を満たし，これらを**排反（背反）な事象**といい，**互いに素**であるという．排反な事象に対しては以下が成立する．

3. $P(A \cup B \cup C) = P(A) + P(B) + P(C)$

例題 6.1
表（H）と裏（T）をもつ 2 枚のコインを 1 回投げる試行において，両方とも同じ面が出る事象の確率を求めなさい．

[解] 標本空間および両方とも同じ面が出る事象は以下のように表される．事象は等確率で出現する．

標本空間： $\Omega = \{HH, HT, TH, TT\}$

両方とも同じ面が出る事象： $A = \{HH, TT\}$

確率： $P(A) = \dfrac{1}{2}$

例題 6.2

サイコロを 1 回投げる試行について，以下の事象例の**和事象**の確率 $P(A \cup B)$ および $P(A \cup C)$ を求めなさい.

標本空間： $\Omega = \{1, 2, 3, 4, 5, 6\}$

事象の例： 偶数の目が出る事象 $A = \{2, 4, 6\}$

奇数の目が出る事象 $B = \{1, 3, 5\}$

3 以下の目が出る事象 $C = \{1, 2, 3\}$

[**解**] 標本空間と事象から，各事象の起こる確率は以下となる．図 6.2 に事象の関係を示す.

確率： $P(A) = \dfrac{1}{2}$, $P(B) = \dfrac{1}{2}$, $P(C) = \dfrac{1}{2}$

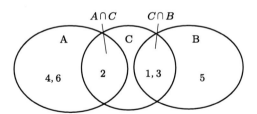

図 6.2 例題 6.2 の事象 A，B および C の関係

サイコロを 1 回投げる試行において，事象 A と B の**積事象**（両事象が同時に起こる事象であり，**結合事象**ともいう）は $A \cap B = \phi$（奇数と偶数の目が同時に出ることはない）のように排反なので，このときの**同時確率**（**結合確率**）は

$$P(A \cap B) = 0 \tag{6.3}$$

となる．和事象は $A \cup B = \{1, 2, 3, 4, 5, 6\}$ であるが，

$$P(A \cup B) = P(A) + P(B) - P(A \cap B) = \frac{1}{2} + \frac{1}{2} - 0 = 1 \tag{6.4}$$

となる.

一方，事象 A と C では，$A \cap C = \{2\}$（偶数の目であり，かつ 3 以下の目である事象）のように排反ではないので，同時確率は

$$P(A \cap C) = \frac{1}{6} \tag{6.5}$$

となる．和事象は $A \cup C = \{1, 2, 3, 4, 6\}$ であるが，

$$P(A \cup C) = P(A) + P(C) - P(A \cap C) = \frac{1}{2} + \frac{1}{2} - \frac{1}{6} = \frac{5}{6} \tag{6.6}$$

となる．

次に，確率における独立と従属について説明する．ある二つの排反とは限らない事象 A，B について，事象 A と事象 B の両事象が起こる事象の確率について，結合事象の確率（結合確率）が

$$P(A \cap B) = P(A)P(B) \tag{6.7}$$

のように各々の確率の積となるとき，（確率的に）**独立**という．二つ以上の事象についても同様である．この場合，各々の確率は（各々の事象の結果は），互いに影響を与えない．

二つの事象が独立でない場合（確率的に従属の場合）には，各々の確率が（各々の事象の結果が），結合確率に影響を与えることになり，以下の**条件付き確率**として表される．

$$P(A \cap B) = P(A)P(B|A) = P(B)P(A|B) \tag{6.8}$$

例題 6.3
サイコロを 2 回投げる試行において，以下に示す事象 A と B，および事象 A と C がそれぞれ独立か従属かを考えよ．

標本空間： $\Omega = \{(1,1) \quad (1,2) \quad (1,3) \quad (1,4) \quad (1,5) \quad (1,6)$
$(2,1) \quad (2,2) \quad (2,3) \quad (2,4) \quad (2,5) \quad (2,6)$
$(3,1) \quad (3,2) \quad (3,3) \quad (3,4) \quad (3,5) \quad (3,6)$
$(4,1) \quad (4,2) \quad (4,3) \quad (4,4) \quad (4,5) \quad (4,6)$
$(5,1) \quad (5,2) \quad (5,3) \quad (5,4) \quad (5,5) \quad (5,6)$
$(6,1) \quad (6,2) \quad (6,3) \quad (6,4) \quad (6,5) \quad (6,6)\}$

事象の例： 1 回目に奇数の目が出る事象（2 回目は任意）* は任意の数字
$$A = \bigl\{(1, *) \quad (3, *) \quad (5, *)\bigr\}$$
2 回目に偶数の目が出る事象（1 回目は任意）
$$B = \bigl\{(*, 2) \quad (*, 4) \quad (*, 6)\bigr\}$$
1 回目に 3 以下の目が出る事象（2 回目は任意）
$$C = \bigl\{(1, *) \quad (2, *) \quad (3, *)\bigr\}$$

[**解**] 標本空間を参照すると，各事象に関する確率は，$P(A) = 1/2$，$P(B) = 1/2$ および $P(C) = 1/2$ となる．事象 A と B の積事象は $A \cap B = \{(1 \text{ or } 3 \text{ or } 5, 2 \text{ or } 4 \text{ or } 6)\}$，和事象は $A \cup B = \bigl\{(1, *) \, (3, *) \, (5, *) \, (*, 2) \, (*, 4) \, (*, 6)\bigr\}$ となり，これらは排反ではなく，

$$P(A \cap B) = P(A) + P(B) - P(A \cup B) = \frac{1}{2} + \frac{1}{2} - \frac{27}{36} = \frac{1}{4} \tag{6.9}$$

と表されるが，

$$P(A \cap B) = P(A)P(B) = \frac{1}{4} \tag{6.10}$$

となるので A と B の事象は独立である．1 回目の事象の結果は，2 回目の結果に対して影響はしない．

一方，事象 A と C の積事象については $A \cap C = \bigl\{(1, *) \, (3, *)\bigr\}$，和事象は $A \cup C = \bigl\{(1, *) \, (2, *) \, (3, *) \, (5, *)\bigr\}$ となり，排反ではなく，

$$P(A \cap C) = P(A) + P(C) - P(A \cup C) = \frac{1}{2} + \frac{1}{2} - \frac{24}{36} = \frac{1}{3} \tag{6.11}$$

と表され，また，

$$P(A \cap C) \neq P(A)P(C) = \frac{1}{4} \tag{6.12}$$

となるので，従属となる．事象 A の結果と事象 C の結果は影響を及ぼし合う．

なお，事象 B と C も独立な事象の例であり，

$$P(B \cap C) = P(B)P(C) = \frac{1}{4} \tag{6.13}$$

となる．

次に，式 (6.8) に示した条件付き確率について例を用いて説明する．事象 A を条件とする事象 B の条件付き確率（事象 A が起きたときの事象 B が起こる確率）は，

$$P(B|A) = \frac{P(A \cap B)}{P(A)} \tag{6.14}$$

と定義されている．なお，事前事象 A を条件とする（事象 A の結果を知った上での）事象 B の確率 $P(B|A)$ は事後確率，事象 B の確率 $P(B)$ を**事前確率**ともいう．

前述したように，A と B が独立なときには，事象 A は事象 B に影響を与えないため，事象 B の条件付き確率は事象 A によらず一致することになり，

$$P(B|A) = P(B) \tag{6.15}$$

となる．式 (6.15) を式 (6.14) あるいは式 (6.8) に代入すると，式 (6.7) の独立の条件式となる．

例題 6.4

番号が書かれた 6 個の 2 色球が入っている箱がある．各球には 1 または 0 の番号が 3 個ずつ書かれ，また，3 個は白球で他の 3 個は赤球であり，比率は図 6.3 のとおりである．なお，番号の上にはテープが貼ってあり直接は確認できない．

箱の中から球を 1 個取り出すとき，赤色で 1 の番号が書かれた球を取り出す確率はいくらか．また，赤球をつかんだとき，それが番号 1 の球である条件付き確率はいくらか．

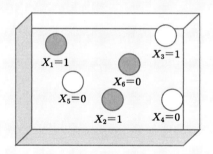

図 6.3　箱の中の球

［解］　事象に関する確率は，以下のようにまとめられる．

標本空間：　$\Omega = \left\{ X_1 \ \ X_2 \ \ X_3 \ \ X_4 \ \ X_5 \ \ X_6 \right\}$

事象の例：　1 の番号が出る事象：$A = \left\{ X_1 \ \ X_2 \ \ X_3 \right\}$

　　　　　　0 の番号が出る事象：$B = \left\{ X_4 \ \ X_5 \ \ X_6 \right\}$

　　　　　　赤球が出る事象：$C = \left\{ X_1 \ \ X_2 \ \ X_6 \right\}$

確率：$P(A) = \dfrac{1}{2}, \quad P(B) = \dfrac{1}{2}, \quad P(C) = \dfrac{1}{2}$

赤色または 1 の番号である和事象は $A \cup C = \left\{ X_1 \ \ X_2 \ \ X_3 \ \ X_6 \right\}$ である．赤色かつ 1 の

番号である積事象は $A \cap C = \left\{ X_1 \; X_2 \right\}$ であり，積事象確率は，

$$P(A \cap C) = \frac{1}{3} \tag{6.16}$$

となる．ここで，

$$P(A \cap C) = P(A) + P(C) - P(A \cup C) = \frac{1}{2} + \frac{1}{2} - \frac{2}{3} = \frac{1}{3} \tag{6.17}$$

を満たすことも確認できる．

　しかし，箱から赤球を引いたとき，後にその番号が 1 であったとわかる事後確率は，条件付き確率なので，

$$P(A|C) = \frac{P(A \cap C)}{P(C)} = \frac{1/3}{1/2} = \frac{2}{3} \tag{6.18}$$

と表される．事前確率 $P(A)$ と事後確率 $P(A|C)$ は異なっていることがわかる．　■

　さらに，式 (6.18) をもとに，赤球であることと 1 の番号であることを因果関係で結びつけてみよう．赤玉を引いたことを結果とみなし，その原因は，球の番号が 1 なのか 0 であるかを $P(A|C)$ と $P(B|C)$ を用いて推定する．

　式 (6.18) より，赤玉である確率 $P(C) = 1/2$ と赤球であり，1 の番号の確率 $P(A \cap C)$ $= 1/3$ を用いると，赤玉となる要因を 1 の番号とみなす条件付き確率（これを推定確率という）は，$P(A|C) = 2/3$ であった．

　一方，赤玉となる要因を 0 の番号とみなす条件付き確率に相当する推定確率は，同様にして，

$$P(B|C) = \frac{P(B \cap C)}{P(C)} = \frac{1/6}{1/2} = \frac{1}{3} \tag{6.19}$$

と表される．したがって，式 (6.18) と式 (6.19) を比べたとき，式 (6.18) の方が大きいので，赤玉が出た要因は番号 1 と推定できる．

　このような条件付き確率を一般化したのが，以下に示す**ベイズの定理**である．

$$P(B_i|A) = \frac{P(A \cap B_i)}{P(A)} = \frac{P(B_i)P(A|B_i)}{\displaystyle\sum_{j=1}^{n} P(B_j)P(A|B_j)} \tag{6.20}$$

　式 (6.20) は，事象 A と複数の事象 $B_i, i = 1, 2, \cdots, n$ が同時に起こる事象の確率的な関係を表す条件付き確率である．

　事象 A と事象 B_i との間の因果関係を仮定すると，式 (6.20) は，結果の事象 A が起こったとき，その原因が事象 $B_i, i = 1, 2, \cdots, n$ である**事後確率**（推定確率）を表す．

式 (6.20) より**尤度関数**とよばれる $P(A|B_j)$ を用いて $i = 1, 2, \cdots, n$ に対して事後確率 $P(B_i|A)$ を計算したとき，最大となる i を原因の事象 B_i と推定する．これを**ベイズ推定**という．なお，ベイズ推定では誤りの確率分布はガウス分布を仮定していることに注意する．

　情報通信やパターン認識でもベイズ推定はよく利用される．たとえば，観測や測定結果として事象 A が起こったとき，式 (6.20) を最大にする事象 B_i を識別結果（クラス B_i と分類する），あるいは原因と推定することができる．

例題 6.5
2 値通信システム（1 値または -1 値の伝送）において，受信信号を観測したときに識別結果が 1 値となる事象を事象 A とする．送信側で 1 値が出現する事象を B_1，-1 が出現する事象を B_2，および伝送に関する確率を表 6.1 とする．受信側が 1 値を観測したとき，送信側の信号値を推定しなさい．

表 6.1　各事象と伝送に関する確率

i	値	$P(B_i)$	$P(A|B_i)$
1	1	2/5	2/3
2	-1	3/5	1/3

[**解**]　式 (6.20) より推定確率を求めると，

$$P(B_1|A) = \frac{P(B_1)P(A|B_1)}{P(B_1)P(A|B_1) + P(B_2)P(A|B_2)} = \frac{4}{7} \tag{6.21}$$

$$P(B_2|A) = \frac{3}{7} \tag{6.22}$$

となるので，事象 B_1（1 値）と推定される．

（2）　確率変数

　確率変数は，事象の標本点を実数全体等に対応させる変数であり，x あるいは $x(s)$ と表す†．確率変数は観測時に数値化され，事象に対して実数を与える関数である．以下に，確率変数の例を示す．

---

† 本書ではスカラー変数は x，ベクトル変数は $\boldsymbol{x}$ と表記している．確率変数の場合，原則としてスカラー確率変数を x，ベクトル確率変数を $\mathbf{x}$ と表記する．本文中では混用しているところもあるが，$E[x(t)]$，$E[\boldsymbol{x}\boldsymbol{x}^T]$ のように確率的な演算で用いられている変数は，確率変数であることに注意をする．

例題 **6.6**
コインを 1 回投げる試行およびサイコロを 1 回振る試行の確率変数の例を示せ.

[**解**]　表 6.2 および表 6.3 に各事象にある実数を対応させた確率変数の例を示す.

表 6.2　コイン投げ試行の確率変数

標本空間 Ω	$\Omega = \{\mathrm{H}, \mathrm{T}\}$	
事象 s	$s_1 = \{\mathrm{H}\}$	$s_2 = \{\mathrm{T}\}$
確率変数 $\boldsymbol{x}(s)$	$\boldsymbol{x}(s_1) = 1$	$\boldsymbol{x}(s_2) = 0$
確率 $p(s)$	$p(s_1) = 1/2$	$p(s_2) = 1/2$

表 6.3　サイコロ振り試行の確率変数

標本空間 Ω	$\Omega = \{1\,$の目, $\,2\,$の目, $\,3\,$の目, $\,4\,$の目, $\,5\,$の目, $\,6\,$の目$\,\}$					
事象 s	$s_1 =$ $\{1\,$の目$\}$	$s_2 =$ $\{2\,$の目$\}$	$s_3 =$ $\{3\,$の目$\}$	$s_4 =$ $\{4\,$の目$\}$	$s_5 =$ $\{5\,$の目$\}$	$s_6 =$ $\{6\,$の目$\}$
確率変数 $\boldsymbol{x}(s)$	$\boldsymbol{x}(s_1) = 1$	$\boldsymbol{x}(s_2) = 2$	$\boldsymbol{x}(s_3) = 3$	$\boldsymbol{x}(s_4) = 4$	$\boldsymbol{x}(s_5) = 5$	$\boldsymbol{x}(s_6) = 6$
確率 $p(s)$	$p(s_1) = \frac{1}{6}$	$p(s_2) = \frac{1}{6}$	$p(s_3) = \frac{1}{6}$	$p(s_4) = \frac{1}{6}$	$p(s_5) = \frac{1}{6}$	$p(s_6) = \frac{1}{6}$

表 6.2 および表 6.3 のように確率的事象を確率変数へ対応づけることで，確率現象を数値的に扱うことができる．なお，上述の例は確率変数が離散値をとる離散確率変数の場合である.

次に，**確率分布関数**と**確率密度関数**について説明する．まず，確率分布関数 $F(x)$ とは，

$$F(x) = P(\boldsymbol{x} \leq x) \tag{6.23}$$

と定義されており，確率変数 $\boldsymbol{x}$ がある値 x 以下となる確率を表す.

また，確率密度関数 $p(x)$ とは，確率分布関数 $F(x)$ の x に関する微分であり，

$$p(x) = \frac{dF(x)}{dx} = \lim_{\Delta x \to 0} \frac{F(x + \Delta x) - F(x)}{\Delta x} = \lim_{\Delta x \to 0} \frac{P(x < \boldsymbol{x} \leq x + \Delta x)}{\Delta x} \tag{6.24}$$

と定義されている．確率密度関数は，確率変数のいわゆる確率を表しており，確率分布関数とは微分と積分の関係になる.

例題 **6.7**
サイコロを振る場合の確率分布関数および確率密度関数を示しなさい.

[**解**] 図 6.4 に確率分布関数を, 図 6.5 に確率密度関数を示す.

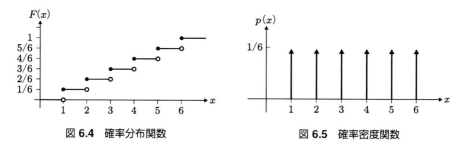

図 **6.4** 確率分布関数	図 **6.5** 確率密度関数

図 6.5 の確率密度関数は,

$$p(x) = \frac{1}{6} \sum_{i=1}^{6} \delta(x-i) \tag{6.25}$$

と表される. ◼

　図 6.4 および図 6.5 からもわかるように, 確率密度関数は, その現象の確率的な性質に関する情報をすべてもっている. このため, 確率密度関数が正確に記述できる事象は, 確率的に明確にされた事象であるといえる.

　以下に代表的な連続確率変数に対する確率密度関数を示す. 式 (6.26) は一様分布といい, 式 (6.27) は**ガウス分布(正規分布)**という. 図 6.6 にガウス分布を示す.

$$p(x) = \frac{1}{b-a}, \quad a \le x \le b \tag{6.26}$$

$$p(x) = \frac{1}{\sqrt{2\pi}\sigma} e^{-\frac{(x-m)^2}{2\sigma^2}}, \quad \sigma > 0 \tag{6.27}$$

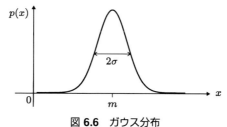

図 **6.6** ガウス分布

実際には, 確率密度関数が既知であることは少なく, 標本空間のサンプルから確率

変数に関する確率密度関数を推定することも多い．関数を近似的に表すために平均 m と分散 σ^2 が異なるガウス分布を足し合わせた混合ガウスモデル（GMM）を用いることがある．

6.2.2 統計量

本項では，確率変数に関する統計量について説明する．確率変数 $\boldsymbol{x}$ の k 次モーメント関数（k 次統計量）は，

$$E[\boldsymbol{x}^k] = \int_{-\infty}^{+\infty} x^k p(x) dx, \quad k = 0, 1, 2, \cdots \tag{6.28}$$

と定義されている．離散確率変数に対しては，

$$E[\boldsymbol{x}^k] = \sum_{i=1}^{n} x_i^k P(\boldsymbol{x} = x_i), \quad k = 0, 1, 2, \cdots \tag{6.29}$$

と表される．なお，k 次モーメント関数は m_k，$k = 0, 1, 2, \cdots$ と略記される．

連続確率変数および離散確率変数に対する 0 次モーメント関数（$k = 0$）は，確率密度関数の積分（総和）なので確率分布関数に相当する．

$k = 1$ である 1 次モーメント関数 m_1 は，一つの確率変数についての関数であり，

$$E[\boldsymbol{x}] = \int_{-\infty}^{+\infty} x p(x) dx \tag{6.30}$$

$$E[\boldsymbol{x}] = \sum_{i=1}^{n} x_i P(\boldsymbol{x} = x_i) \tag{6.31}$$

と表される．式 (6.30) あるいは式 (6.31) は，確率変数の**期待値**あるいは**平均**といわれている．

また，k 次中心モーメント関数は，

$$E[(\boldsymbol{x} - E[\boldsymbol{x}])^k] = \int_{-\infty}^{+\infty} (x - m_1)^k p(x) dx, \quad k = 1, 2, \cdots \tag{6.32}$$

$$E[(\boldsymbol{x} - E[\boldsymbol{x}])^k] = \sum_{i=1}^{n} (x - m_1)^k P(\boldsymbol{x} = x_i), \quad k = 1, 2, \cdots \tag{6.33}$$

と定義されている．なお，**k 次中心モーメント関数**は μ_k，$k = 1, 2, \cdots$ と略記される．平均を差し引いたことにより実質的な変動が表せることから，統計量を扱う際によく用いられる．

連続確率変数で $k = 2$ の 2 次中心モーメント関数は，二つの確率変数についての関

数であり,

$$\mu_2 = E[(\boldsymbol{x} - E[\boldsymbol{x}])^2] = \int_{-\infty}^{+\infty} (x - m_1)^2 p(x) dx \tag{6.34}$$

と表される.この 2 次中心モーメントのことを**分散**という.平均値が $m_1 = E[\boldsymbol{x}] = 0$ の場合には,分散は確率変数の 2 乗の平均値

$$E[\boldsymbol{x}^2] = \int_{-\infty}^{+\infty} x^2 p(x) dx \tag{6.35}$$

と一致する.分散は σ_x^2 と略記されることが多い.

なお,$k \geq 3$ は三つ以上の確率変数に関する関数であるが,3 次中心モーメント関数は**歪度**といわれ,分布の左右非対称の度合いを表す.また,4 次中心モーメント関数は**尖度**といわれ,分布のとがりの度合いを表す.

例題 6.8
連続確率変数が一様分布とガウス分布の場合,期待値(平均)と分散を求めよ.

[解] 定義式を計算することで,以下を得る.
一様分布:

$$p(x) = \frac{1}{b-a}, \quad a \leq x \leq b \tag{6.36}$$

$$m_1 = \frac{a+b}{2} \tag{6.37}$$

$$\mu_2 = \frac{(b-a)^2}{12} \tag{6.38}$$

ガウス分布(正規分布):

$$p(x) = \frac{1}{\sqrt{2\pi}\sigma} e^{-\frac{(x-m)^2}{2\sigma^2}}, \quad \sigma > 0 \tag{6.39}$$

$$m_1 = m \tag{6.40}$$

$$\mu_2 = \sigma^2 \tag{6.41}$$

6.3 確率過程

　本節では，不規則信号と関連性の高い**確率過程**について説明する．確率過程 $\boldsymbol{x}(t)$ あるいは $\boldsymbol{x}(s, t)$ は，確率に時間概念を導入した概念であり，時間の関数として表される確率変数である．端的にいえば，確率過程は時刻 t における確率変数を表す．したがって，時刻 t であるセンサーで取得した信号値 $x(t)$ は，確率過程の確率変数である．以下では，より具体的に不規則信号との関係を示す．

　ある事象または現象における物理量を信号値とみなせば，それは不規則信号である．信号は，時間的あるいは空間的な範囲での変動を伴うため，時間的要素を取り入れた確率変数となる．図 6.7 に不規則信号の例を示す．

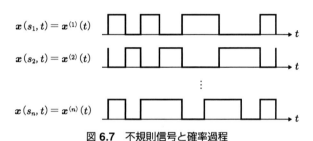

図 6.7　不規則信号と確率過程

　図 6.7 において，$\{\boldsymbol{x}^{(1)}(t), \boldsymbol{x}^{(2)}(t), \cdots, \boldsymbol{x}^{(n)}(t)\}$ は，n 個の標本信号 (サンプル信号) からなる集合を示し，ある時刻 t_0 における標本信号値 $\{\boldsymbol{x}^{(1)}(t_0), \boldsymbol{x}^{(2)}(t_0), \cdots, \boldsymbol{x}^{(n)}(t_0)\}$ は，確率変数を表す．

　確率過程 $\boldsymbol{x}(t)$ における時刻 t_1 での 1 次確率密度関数は，

$$p_1(\boldsymbol{x}_1; t_1) = \lim_{\Delta x_1 \to 0} \frac{P(x_1 \le \boldsymbol{x}(t_1) \le x_1 + \Delta x_1)}{\Delta x_1} = \frac{dP(\boldsymbol{x}_1, t_1)}{dx_1} \tag{6.42}$$

と表される．時刻 $t = t_1, t_2, \cdots, t_n$ における n 次確率密度関数は，

$$\begin{aligned} &p_n(\boldsymbol{x}_1, \cdots, \boldsymbol{x}_n; t_1, \cdots, t_n) \\ &= \lim_{\Delta x_1, \cdots, \Delta x_n \to 0} \frac{P(x_1 \le \boldsymbol{x}(t_1) \le x_1 + \Delta x_1, \cdots, x_n \le \boldsymbol{x}(t_n) \le x_n + \Delta x_n)}{\Delta x_1 \Delta x_2 \cdots \Delta x_n} \end{aligned}$$

$$\tag{6.43}$$

と表される．図 6.8 に式 (6.43) の概念図を示す．不規則信号の確率的性質は，各時刻での n 次確率密度関数が定まることで明確になる．

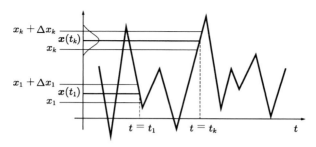

図 **6.8**　不規則信号と n 次確率密度関数

6.3.1　定常過程

　観測信号の確率過程においては，すべての確率密度関数（確率分布）を知ることは難しい．しかし，厳密に関数として表せなくても，確率過程のもつ性質にもとづき大まかに分類して扱うことができる．ここでは，確率密度関数の代表的な性質を示す．

（1）　独立・同一分布過程

　n 次確率密度関数が次式を満たすとき，**独立・同一分布過程**（iid：independent, identically distributed 過程）という．

$$p_n(\boldsymbol{x}_1, \boldsymbol{x}_2, \cdots, \boldsymbol{x}_n; t_1, t_2, \cdots, t_n) = p_1(\boldsymbol{x}_1; t_1)p_1(\boldsymbol{x}_2; t_2)\cdots p_1(\boldsymbol{x}_n; t_n) \quad (6.44)$$

iid 過程は，式 (6.44) のように，すべての異なる時刻においてたった一つの確率密度関数（式 (6.44) では，$p_1(\boldsymbol{x}; t)$ と表記している）で表され，各々の時刻の信号値が独立（確率密度関数の積で表される）となる確率過程である．

（2）　定常過程

　n 次確率密度関数が次式を満たすとき，**定常過程**（**強定常過程**）という．

$$\begin{aligned} &p_n(\boldsymbol{x}_1, \boldsymbol{x}_2, \cdots, \boldsymbol{x}_n; t_1, t_2, \cdots, t_n) \\ &= p_n(\boldsymbol{x}_1, \boldsymbol{x}_2, \cdots, \boldsymbol{x}_n; t_1 + \tau, t_2 + \tau, \cdots, t_n + \tau) \end{aligned} \quad (6.45)$$

　定常過程は，任意の時刻 τ だけ離れた時刻で同一の確率分布となる確率過程である．確率密度関数に関して時不変な性質（任意の時刻で同一の性質）をもつ．なお，定常でない場合は，非定常過程という．

（3）　広義定常過程

　n 次確率密度関数が次式を満たすとき，**広義定常過程**（**弱定常過程**）という．

$$m_{1,x}(t) = E[\boldsymbol{x}(t)] = \int_{-\infty}^{+\infty} xp(\boldsymbol{x};t)dx = m_x \tag{6.46}$$

$$m_{2,x}(\tau) = E[\boldsymbol{x}(t)\boldsymbol{x}(t+\tau)] = \int_{-\infty}^{+\infty} \int_{-\infty}^{+\infty} x_1 x_2 p(\boldsymbol{x}_1, \boldsymbol{x}_2; t, t+\tau)dx_1 dx_2 \tag{6.47}$$

確率過程 $\boldsymbol{x}(t)$ の平均値（$m_x(t)$ と表記している）は，一般には時間の関数になるが，広義定常過程では時間によらない一定値 m_x となる．また，任意の時刻 τ だけ離れた確率変数の 2 次モーメントは，式 (6.47) からわかるように時刻の関数ではなく時間区間 τ の関数になるという性質をもつ．式 (6.47) は自己相関（関数）を表し（$\tau = 0$ のとき分散），$R_{xx}(\tau)$ と表記することも多い．

実際の観測により得られるほとんどの不規則信号は定常過程ではない．例外的に，熱雑音や乱数信号は定常過程である．また，非定常な信号でも，局所的な範囲においては定常性を仮定することもある．

6.3.2 エルゴード性

6.2.2 項においては，確率変数がスカラーの場合について平均や分散を求める際，確率密度関数を用いた．確率過程でも，標本信号および n 次確率密度関数を用いて同様にそれらを定義することができる．

n 次確率過程に対する確率的平均（期待値）は，

$$E[\boldsymbol{x}(t_1)\boldsymbol{x}(t_2)\cdots\boldsymbol{x}(t_n)]$$
$$= \int_{-\infty}^{+\infty} \int_{-\infty}^{+\infty} \cdots \int_{-\infty}^{+\infty} x_1 x_2 \cdots x_n p_n(\boldsymbol{x}_1, \boldsymbol{x}_2, \cdots, \boldsymbol{x}_n; t_1, t_2, \cdots, t_n)dx_1 dx_2 \cdots dx_n \tag{6.48}$$

と表される．

一方，標本信号についての**集合平均**（n 次モーメント関数）は，

$$\langle \boldsymbol{x}(t_1)\boldsymbol{x}(t_2)\cdots\boldsymbol{x}(t_n) \rangle = \lim_{N \to \infty} \frac{1}{N} \sum_{k=1}^{N} x^{(k)}(t_1)x^{(k)}(t_2)\cdots x^{(k)}(t_n) \tag{6.49}$$

と表される．n 次モーメント関数は $m_n(t_1, t_2, \cdots, t_n)$ と表記することもある．

さらに，ある標本信号についての**時間平均**は，

$$\overline{\boldsymbol{x}(t_1)\boldsymbol{x}(t_2)\cdots\boldsymbol{x}(t_n)} = \lim_{T \to \infty} \frac{1}{T} \int_{-T/2}^{+T/2} x^{(k)}(t_1)x^{(k)}(t_2)\cdots x^{(k)}(t_n)dt \tag{6.50}$$

と表される.

　期待値と集合平均および時間平均がすべての時刻で一致する信号は，**エルゴード性不規則信号**という.

　エルゴード性を満たす1次確率密度関数の平均に対しては，以下の式で表される量はすべて一致する.

$$E[\boldsymbol{x}(t)] = \int_{-\infty}^{+\infty} xp(x;t)dx \tag{6.51}$$

$$\langle \boldsymbol{x}(t) \rangle = \lim_{N \to \infty} \frac{1}{N} \sum_{k=1}^{N} x^{(k)}(t) \tag{6.52}$$

$$\overline{\boldsymbol{x}(t)} = \lim_{T \to \infty} \frac{1}{T} \int_{-T/2}^{T/2} x^{(k)}(t)dt \tag{6.53}$$

同様に，分散および相関関数に対しては，

$$E[\boldsymbol{x}(t)^2] = \langle \boldsymbol{x}(t)^2 \rangle = \overline{\boldsymbol{x}(t)^2} \tag{6.54}$$

$$E[\boldsymbol{x}(t)\boldsymbol{x}(t+\tau)] = \langle \boldsymbol{x}(t)\boldsymbol{x}(t+\tau) \rangle = \overline{\boldsymbol{x}(t)\boldsymbol{x}(t+\tau)} \tag{6.55}$$

のように一致する.

　エルゴード過程では（エルゴード性を仮定できれば），各標本信号を区別する必要はなくなり，十分に長い時間の標本信号が一つあれば，時間平均により基本的な統計量は計算できることになる.なお，エルゴード過程であれば定常過程になるが，逆は成り立たないことがある.

6.3.3　代表的な確率過程

　以下では代表的な確率過程を示す.**定常ガウス確率過程**とは，確率密度関数が次式のように正規分布に従うものである.

$$p(x;t) = \frac{1}{\sqrt{2\pi}\sigma} e^{-\frac{(x-m)^2}{2\sigma^2}} \tag{6.56}$$

ガウス分布の平均を m，分散を σ^2 と表している.

　ガウス分布の重要な特徴は，二つのパラメータである平均と分散の値がわかれば，関数が決まることである.また，3次以上のモーメント統計量が常にゼロになることも特徴である.ガウス分布の確率密度関数をもつ信号はガウス信号または正規信号といわれ，不規則信号の中で基本的な信号である.

　マルコフ過程とは，

$$p(\boldsymbol{x}_n; t_n | \boldsymbol{x}_{n-1}, \cdots, \boldsymbol{x}_1; t_{n-1}, \cdots, t_1) = p(\boldsymbol{x}_n; t_n | \boldsymbol{x}_{n-1}; t_{n-1}) \qquad (6.57)$$

のように確率密度関数が条件付き確率密度関数として表され，時刻 t_n における確率変数 $\boldsymbol{x}_n$ の確率が，それ以前のすべての時刻の確率変数の値ではなく，直前の時刻の値により定まる確率過程である．1 時刻前の確率値に依存する確率過程（条件付き確率）を 1 次マルコフ過程という．n （$n \geq 2$）時刻以前の確率変数値に依存するときは，n 次マルコフ過程という．

ウィナー過程とは，非定常過程の一つで，確率変数 z に対する確率密度関数が次式のように表されるものである．

$$p(\boldsymbol{z}; t) = \frac{1}{\sqrt{2\pi Dt}} e^{-\frac{z^2}{2Dt}} \qquad (6.58)$$

式 (6.58) のガウス分布において，平均はゼロであるが，分散は

$$E\left[\{\boldsymbol{z}(t) - E[\boldsymbol{z}(t)]\}^2\right] = Dt \qquad (6.59)$$

のように時間の経過とともに増大する．相関関数は，

$$E[\boldsymbol{z}(t_1)\boldsymbol{z}(t_2)] = \begin{cases} Dt_1, & t_1 < t_2 \\ Dt_2, & t_1 > t_2 \end{cases} \qquad (6.60)$$

のように表される．ウィナー過程は**ブラウン運動**を表す確率過程である．

また，**自己相似過程**は，次式のように平均 $m(t)$ と相関関数 $R(t_1, t_2)$ がある定数 a，H を用いて

$$m(t) = a^{-H} m(at) \qquad (6.61)$$
$$R(t_1, t_2) = a^{-2H} R(at_1, at_2) \qquad (6.62)$$

のようにスケール変換に不変な性質を有する．これは**フラクタル過程**ともよばれ，非定常な確率過程である．

最後に，**白色ガウス過程**とは，iid 過程で確率密度関数がガウス分布をもつ定常確率過程をいう．白色とは（自己）相関関数が

$$R_{xx}(\tau) = \delta_\tau, \quad (S_{xx}(\omega) = c) \qquad (6.63)$$

となり，そのフーリエ変換が一定値となることを意味する．確率密度関数は必ずしもガウス分布の必要はなく，一様分布をもつ白色信号もある．白色信号は信号処理で頻繁に現れる．

白色信号はすべての周波数成分をもつことから，代表的な雑音として用いられるこ

とが多い．また，7.1 節で述べるように，信号モデルの入力信号として用いられること
もある．

6.4 確率変数ベクトル

本節では，確率過程の確率変数ベクトルおよび一般的な時間関数のベクトル信号の
確率変数ベクトル（ベクトル確率変数）の基本統計量についてまとめておく．

（1）確率変数ベクトルの統計量

まず，とくに重要な 2 次統計量についてみてみよう．二つのスカラー確率変数 $\boldsymbol{x}_1$ お
よび $\boldsymbol{x}_2$ の共分散関数は，結合確率密度関数を用いて

$$C_{x_1,x_2} = \int_{-\infty}^{+\infty} \int_{-\infty}^{+\infty} (\boldsymbol{x}_1 - E[\boldsymbol{x}_1])(\boldsymbol{x}_2 - E[\boldsymbol{x}_2])p(x_1, x_2)dx_1dx_2 \quad (6.64)$$

と表される．二つのスカラー確率変数 $\boldsymbol{x}_1$ および $\boldsymbol{x}_2$ の確率的な（相互）相関関数は，

$$R_{x_1,x_2} = \int_{-\infty}^{+\infty} \int_{-\infty}^{+\infty} x_1 x_2 p(x_1, x_2)dx_1dx_2 \quad (6.65)$$

と表される．共分散関数と相関関数には

$$C_{x_1,x_2} = R_{x_1,x_2} - E[\boldsymbol{x}_1] \int_{-\infty}^{+\infty} \int_{-\infty}^{+\infty} x_2 p(x_1, x_2)dx_1dx_2$$

$$- E[\boldsymbol{x}_2] \int_{-\infty}^{+\infty} \int_{-\infty}^{+\infty} x_1 p(x_1, x_2)dx_1dx_2 + E[\boldsymbol{x}_1]E[\boldsymbol{x}_2] \quad (6.66)$$

の関係がある．なお，独立であれば

$$C_{x_1,x_2} = R_{x_1,x_2} - E[\boldsymbol{x}_1]E[\boldsymbol{x}_2] \quad (6.67)$$

となる．したがって，$\boldsymbol{x}_1$ および $\boldsymbol{x}_2$ の平均がゼロ（$E[\boldsymbol{x}_1] = E[\boldsymbol{x}_2] = 0$）の場合には，
式 (6.64) および式 (6.65) は同一式として表される．

次に，N 個の時間関数を確率変数とする確率変数ベクトルを

$$\mathbf{x} = \begin{bmatrix} \boldsymbol{x}_1(t) & \boldsymbol{x}_2(t) & \cdots & \boldsymbol{x}_N(t) \end{bmatrix}^T, \quad t = 1, 2, \cdots, T \quad (6.68)$$

と表すと，$\mathbf{x}$ の平均ベクトルは，

$$\mathbf{m}_1 = E[\mathbf{x}] = \int_{-\infty}^{+\infty} \mathbf{x}p(\mathbf{x})d\mathbf{x} \quad (6.69)$$

$$\mathbf{m}_1^T = E[\mathbf{x}] = \begin{bmatrix} E[\boldsymbol{x}_1(t)] & E[\boldsymbol{x}_2(t)] & \cdots & E[\boldsymbol{x}_N(t)] \end{bmatrix} \tag{6.70}$$

と表される.

確率変数ベクトルの**分散共分散行列**（あるいは，**自己共分散行列**）は，

$$\mathbf{C_{xx}} = E[(\mathbf{x}-\mathbf{m}_1)(\mathbf{x}-\mathbf{m}_1)^T] = \int_{-\infty}^{+\infty} (\mathbf{x}-\mathbf{m}_1)(\mathbf{x}-\mathbf{m}_1)^T p(\mathbf{x})d\mathbf{x} \tag{6.71}$$

と表される．もし，平均ベクトルが

$$\mathbf{m}_1^T = \begin{bmatrix} 0 & 0 & \cdots & 0 \end{bmatrix} \tag{6.72}$$

のようにゼロであれば，分散共分散行列は自己相関行列（平均を引かない場合）と同一になり，

$$\mathbf{R_{xx}} = E[\mathbf{x}\mathbf{x}^T] = \begin{bmatrix} E[\boldsymbol{x}_1(t)^2] & E[\boldsymbol{x}_2(t)\boldsymbol{x}_1(t)] & \cdots & E[\boldsymbol{x}_N(t)\boldsymbol{x}_1(t)] \\ E[\boldsymbol{x}_1(t)\boldsymbol{x}_2(t)] & E[\boldsymbol{x}_2(t)^2] & \ddots & \vdots \\ \vdots & \ddots & \ddots & \vdots \\ E[\boldsymbol{x}_1(t)\boldsymbol{x}_N(t)] & \cdots & \cdots & E[\boldsymbol{x}_N(t)^2] \end{bmatrix} \tag{6.73}$$

と表される.

（2）　確率変数の確率的性質

次に，確率変数に対する独立性，相関性，直交性について述べる．二つのスカラー確率変数 x と y，あるいはベクトル確率変数 $\mathbf{x}$ と $\mathbf{y}$ の間の，統計量を用いた確率的な関係について説明する．

二つのスカラー確率変数あるいはベクトル確率変数が**独立**であるとは，次式のように**相互相関関数**，および相互相関行列が各々の平均の積で表されることである.

$$R_{xy} = E[\boldsymbol{x}\boldsymbol{y}] = E[\boldsymbol{x}]E[\boldsymbol{y}] \tag{6.74}$$

$$\mathbf{R_{xy}} = E[\mathbf{x}\mathbf{y}^T] = E[\mathbf{x}]E[\mathbf{y}^T] \tag{6.75}$$

このことは，式 (6.7) で示したように二つの事象が独立であれば和事象の確率（密度関数）が各々の積となることに由来する．

二つの確率変数が**無相関**であるための条件を示す．スカラー確率変数は確率過程のものとすると，確率変数が無相関であるとは，式 (6.64) において共分散関数が任意の t_1, t_2 に対して次式を満たすことである.

$$C_{xy}(t_1, t_2) = E[\{\boldsymbol{x}(t_1) - m_x(t_1)\}\{\boldsymbol{y}(t_2) - m_y(t_2)\}] = 0 \qquad (6.76)$$

同様に，ベクトル確率変数が無相関であるとは，式 (6.71) の分散共分散行列が

$$\mathbf{C_{xy}} = E[(\mathbf{x} - \mathbf{m_x})(\mathbf{y} - \mathbf{m_y})^T] = \mathbf{O} \qquad (6.77)$$

のようにゼロ行列になることである．

　最後に，確率変数の直交性の条件を示す．確率統計では，いわゆる平均演算が内積演算に対応する．二つのスカラー確率変数が直交する条件は，相互相関関数が任意の t_1, t_2 に対して

$$R_{xy}(t_1, t_2) = E[\boldsymbol{x}(t_1)\boldsymbol{y}(t_2)] = 0 \qquad (6.78)$$

を満たすことである．また，二つのベクトル確率変数が**直交**する条件は，相互相関行列が

$$\mathbf{R_{xy}} = E[\mathbf{xy}^T] = \mathbf{O} \qquad (6.79)$$

とゼロ行列になることである．

　なお，自己相関関数（$\tau = t_2 - t_1$ とおく）が，

$$R_{xx}(t_1, t_2) = E[\boldsymbol{x}(t_1)\boldsymbol{x}(t_2)] = R_{xx}(\tau) = \delta_\tau \qquad (6.80)$$

のようにインパルス信号になれば無相関であり，$x(t)$ は白色信号になる．同様に，自己相関行列が

$$\mathbf{R_{xx}} = E[\mathbf{xx}^T] = \mathbf{D} \qquad (6.81)$$

のように対角成分を除きゼロとなると $\mathbf{x}$ は無相関である．この場合，対角要素は分散を表し，それらがもしすべて等しければ白色信号となる．

　以上より，二つのスカラー確率変数が独立であり，いずれかの確率変数の平均がゼロならば式 (6.78) の直交条件は満たされる．また，平均がゼロの確率変数が独立であれば，共分散関数に対する式 (6.76) の無相関の条件を満たす．しかし，共分散関数が式 (6.76) を満たし無相関であっても，常に式 (6.74) を満たし独立になるとは限らない．また，式 (6.78) の直交条件を満たすとは限らないことに注意をしよう．二つのベクトル確率変数についても同様のことがいえる．

6.5 信号の確率・統計量

本節では，確率・統計を用いた具体的な定常信号の扱いの例をみていこう．決定論的信号と不規則信号の違いをディジタル信号（数値列）の場合について確認する．なお，通常標本信号は複数個得られるが，ここではエルゴード性を仮定し，ある一つの標本信号の平均と分散を検討する．

（1） 平均

信号素としての単位パルス信号を，図 6.9 のように情報源の符号が "1" のときの信号を振幅値が 1 の $s_1(n)$，"0" のときの信号を振幅値がゼロの $s_0(n)$ で表すことにする．

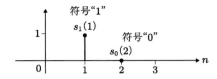

図 6.9 符号 1 および 0 に対する単位パルス信号

符号 "1" と "0" が交互に出現する規則的な長さ N の情報源（$101010\cdots10$）に対応する周期パルス信号列 $x(n)$ は，表 6.4 のように係数ベクトルを定めると

$$x(n) = \alpha_n \varphi_i(n) \tag{6.82}$$

$$\varphi_i(n) = \begin{cases} s_1(n), & n = 0, 2, 4, \cdots, N-2 \\ s_0(n), & n = 1, 3, 5, \cdots, N-1 \end{cases} \tag{6.83}$$

のように表すことができる．時刻が偶数では符号 1，奇数では符号 0 となる．図 6.10 のように各時刻で $x(n)$ の信号値は定まり，これは決定論的信号である．

表 6.4 周期信号の係数と符号

i	偶数	奇数
係数 a_i	1	0

図 6.10 決定論的信号（周期信号）

信号値は確定的であるが，形式的に $0 \sim N-1$ の時間区間の平均（期待値）を求めると，

$$E[x(n)] = \sum_{n=0}^{N-1} xp(x,n) = 1 + 0 + 1 + 0 \cdots + 0 = \frac{N}{2} \tag{6.84}$$

となる．偶数時刻の平均は N，奇数時刻の平均はゼロであるが，単位時間での信号の平均は

$$\overline{x}(n) = \frac{E[x(n)]}{N} = 0.5 \tag{6.85}$$

と表される．

次に，不規則信号の例をみてみよう．表 6.5〜表 6.7 に二つの異なる確率事象により定まる三つの信号係数例を示す．表 6.5 ではコインを投げて表裏に応じて決まる変数を a とし，表 6.6 および表 6.7 ではサイコロを振り出た目に応じて決まる変数を b, c とする．これらの確率変数に対応して信号の時刻での振幅値の係数ベクトル α_i が定まる場合を検討しよう．

コイン投げの事象では，ある時刻における振幅値 y_i が 1 および 0 になる確率は 0.5 なので，図 6.11 のような 2 値の不規則パルス列信号 $y(n)$ となる．

表 6.5　コイン投げ試行での確率と確率変数

事象	表	裏
確率 $p(a)$	1/2	1/2
確率変数 a	1	0
係数 α_i	1	0

表 6.6　サイコロ振り試行での確率と確率変数（2 値信号）

事象	1 の目	2 の目	3 の目	4 の目	5 の目	6 の目
確率 $p(b)$	1/6	1/6	1/6	1/6	1/6	1/6
確率変数 b	1	1	1	1	0	0
係数 α_i	1	1	1	1	0	0

表 6.7　サイコロ振り試行での確率と確率変数（6 値信号）

事象	1 の目	2 の目	3 の目	4 の目	5 の目	6 の目
確率 $p(c)$	1/6	1/6	1/6	1/6	1/6	1/6
確率変数 c	1	4/5	3/5	2/5	1/5	0
係数 α_i	1	4/5	3/5	2/5	1/5	0

図 **6.11** 不規則信号の例（コイン投げ）

確率を表す確率密度関数は $p(\boldsymbol{a}=1,n)=p(\boldsymbol{a}=0,n)=1/2$ なので，区間 $0 \sim N-1$ での平均（期待値）は

$$E[\boldsymbol{y}(n)] = \sum_{i=1}^{2} y_i p(\boldsymbol{a}=i-1,n) = 0 \times \frac{1}{2} + 1 \times \frac{1}{2} = \frac{1}{2} \tag{6.86}$$

と表され，単位区間での平均は

$$\overline{\boldsymbol{y}}(n) = E[\boldsymbol{y}(n)] = 0.5 \tag{6.87}$$

となり，式 (6.85) の場合と同じ値になる．

一方，表 6.6 のサイコロ投げの事象では，確率変数 $\boldsymbol{b}$ に応じて振幅値 z_i は 1 または 0 となるが，両者は等確率ではない．確率密度関数は $p(\boldsymbol{b}=1,n)=2/3, p(\boldsymbol{b}=0,n)=1/3$ となるので，単位区間での平均は

$$\overline{\boldsymbol{z}}(n) = E[\boldsymbol{z}(n)] = \sum_{i=1}^{2} z_i p(\boldsymbol{b}=i-1,n) = 0 \times \frac{1}{3} + 1 \times \frac{2}{3} = 0.666\cdots \tag{6.88}$$

となり，同じような 2 値パルス信号でも平均は異なることがわかる．

さらに，表 6.7 のサイコロ投げの事象では，確率変数 $\boldsymbol{c}$ に応じて信号の振幅値 g_i は $0 \sim 1$ の範囲（**量子化のレベルは 6**）になり，図 6.12 のような多値不規則パルス列信号 $\boldsymbol{g}(n)$ である．

この場合の単位区間での信号の平均は，

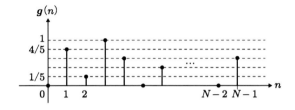

図 **6.12** 不規則信号の例（サイコロ振り）

$$\overline{\boldsymbol{g}}(n) = E[\boldsymbol{g}(n)] = \sum_{i=1}^{6} g_i p(\boldsymbol{c} = (i-1)/5, n) = \left(0 + \frac{1}{5} + \frac{2}{5} + \frac{3}{5} + \frac{4}{5} + 1 \right) \frac{1}{6} = 0.5 \tag{6.89}$$

となる．

　以上の一つの決定論的信号と三つの不規則信号の例からもわかるように，信号波形の平均値が同一であっても，振幅値の取り得る範囲が異なったり，同一の振幅値範囲をもつ場合でも分布が異なったりする場合もある．図 6.13 に，平均が 0.5 の信号の，振幅値変動を縦軸に確率密度関数を横軸とした分布図を示す．図 6.13(a) は，図 6.10 の周期信号および図 6.11 の不規則信号（表 6.5 のコイン投げ）の例である．図 6.13(b) は，図 6.12 の不規則信号（表 6.7 のサイコロ振り）の例である（いずれも離散確率変数）．また，図 6.13(c) は，参考のための平均が等しい連続振幅値のガウス分布の信号例 $f(t)$ である（連続確率変数）．これらの信号では，平均値は等しいが振幅の取り得る値が異なる．したがって，平均の比較では不規則信号を区別することが困難なことがわかる．

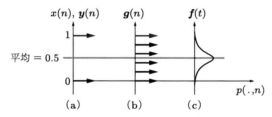

図 **6.13**　確率変数としての振幅値と確率密度関数

（2）　分散

　次に，各信号の分散を比べてみよう．分散は，確率変数から平均値の差分量を 2 乗した値の平均（期待値）であった．

　決定論的信号である周期信号では，偶数および奇数時刻の平均を考慮に入れると，

$$E\left[\{x(n) - E[x(n)]\}^2 \right] = \sum_{n=0}^{N-1} \{x(n) - E[x(n)]\}^2 p(x, n)$$
$$= \sum_{n \in 偶数} \{x(n) - 1\}^2 + \sum_{n \in 奇数} \{x(n) - 0\}^2 = 0 \tag{6.90}$$

となり，分散はゼロとなる．

一方，表 6.5 のコイン投げと表 6.6 のサイコロ振りの不規則信号については，

$$E\Big[\{\boldsymbol{y}(n) - E[\boldsymbol{y}(n)]\}^2\Big] = \sum_{i=1}^{2}(y_i - 0.5)^2 p(\boldsymbol{a} = i - 1, n)$$

$$= (0 - 0.5)^2 \frac{1}{2} + (1 - 0.5)^2 \frac{1}{2} = 0.25 \qquad (6.91)$$

および

$$E\Big[\{\boldsymbol{z}(n) - E[\boldsymbol{z}(n)]\}^2\Big] = \sum_{i=1}^{2}\left(z_i - \frac{2}{3}\right)^2 p(\boldsymbol{b} = i - 1, n)$$

$$= \left(0 - \frac{2}{3}\right)^2 \frac{1}{3} + \left(1 - \frac{2}{3}\right)^2 \frac{2}{3} = \frac{2}{9} = 0.222\cdots \tag{6.92}$$

となり，表 6.7 のサイコロ振りの不規則信号については，

$$E\Big[\{\boldsymbol{g}(n) - E[\boldsymbol{g}(n)]\}^2\Big] = \sum_{i=1}^{6}(g_i - 0.5)^2 p(\boldsymbol{c} = (i-1)/5, n)$$

$$= (0 - 0.5)^2 \frac{1}{6} + \left(\frac{1}{5} - 0.5\right)^2 \frac{1}{6} + \cdots + (1 - 0.5)^2 \frac{1}{6}$$

$$= 0.11666\cdots \tag{6.93}$$

となる．図 6.14 に各信号の振幅の分散を例示する．平均値 0.5 は等しいが，拡がりを表す分散は異なる．

その他にも，区間 $0 \sim N-1$ では $y(n)$，時刻 N 以降では $z(n)$ となる信号でも，平均は不変であるが分散は時間変化する不規則信号となる．

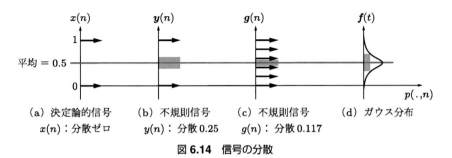

(a) 決定論的信号　　(b) 不規則信号　　(c) 不規則信号　　(d) ガウス分布
$x(n)$：分散ゼロ　　$y(n)$：分散 0.25　　$g(n)$：分散 0.117

図 6.14 信号の分散

最後に，分散と信号の平均電力とエネルギーとの関係について検討する．振幅 $f(n)$ を電圧とするとき，区間 $0 \sim N-1$ における平均電力は

$$P_f = \frac{1}{N} \sum_{n=0}^{N-1} f(n)^2 \tag{6.94}$$

と表され，信号エネルギーは

$$E_f = \sum_{n=-\infty}^{+\infty} f(n)^2 \tag{6.95}$$

と表される．

たとえば，図 6.10 および図 6.11 のパルス信号列の平均電力は 0.5 となる．また，無限の区間に広がる決定論的パルス信号列や不規則パルス信号列のエネルギーは ∞ となる．

次に，図 6.9 の符号 1 および符号 0 に対応する単位パルス信号から平均 0.5 を減算した，次式で表される符号パルス信号を用いた場合を検討しよう．

$$\begin{cases} s_1(n) = 0.5 \\ s_0(n) = -0.5 \end{cases} \tag{6.96}$$

この信号では，平均はゼロとなる．式 (6.96) を用いた場合の決定論的パルス信号列および不規則パルス信号列の平均電力は，いずれも

$$P_f = \frac{1}{N} \sum_{n=0}^{N-1} f(n)^2 = 0.25 \tag{6.97}$$

と表され，式 (6.91) の分散値と一致することに注意をする．このように，平均がゼロの不規則信号の平均電力は分散と一致する．

第**7**章

時間−周波数解析

本章では，不規則信号の周波数解析（スペクトル解析）について説明する．
不規則信号の変動は確率密度関数の時間変動にもとづくが，ここでは自己相
関関数を用いたパワースペクトルとして記述する．はじめに，定常信号（時
不変信号）の場合を示し，ついで非定常信号（時変信号）の解析法を示す．
非定常の不規則信号のスペクトル解析では，時間的に変動する標本信号のパ
ワースペクトルを局所区間で推定する．

7.1 定常スペクトル解析

スペクトルとは，信号をフーリエ解析により周波数領域で表したときの，各周波数
成分の大きさを表したものである．スペクトル解析により，信号の変化の様子を定量
的に知ることができる．定常確率過程では時間とともに大幅にスペクトル分布は変わ
らない．スペクトルの解析の方法は，ノンパラメトリックな（変換にもとづく）方法
と，パラメトリックな（モデリングにもとづく）方法に大別される．

7.1.1 変換にもとづくスペクトル推定

変換にもとづく方法では，2次モーメント関数の一つである自己相関関数を用いて
不規則信号を解析することになる．アインシュタイン・ウィナー・ヒンチンの定理に
よると，広義定常確率過程 $x(n)$ のパワースペクトル密度 $S_x(\Omega)$ は，次式のように自
己相関関数 $R_{xx}(m)$ の離散時間フーリエ変換（DTFT）と逆変換の関係で表される．

$$S_x(\Omega) = \sum_{m=-\infty}^{+\infty} R_{xx}(m) m^{-j\Omega m} \tag{7.1}$$

$$R_{xx}(m) = \frac{1}{2\pi} \int_{-\infty}^{+\infty} S_x(\Omega) e^{j\Omega m} d\Omega \tag{7.2}$$

式 (7.1) にもとづき，定常確率過程のパワースペクトルを算出する[†]．$x(n)$ がエルゴード的であれば，自己相関関数は時間平均として求めることができる．このため，標本信号から自己相関関数を推定するために

$$R_{xx}(m) = \frac{1}{N} \sum_{n=0}^{N-m-1} x(n)x(n+m) \tag{7.3}$$

のように平均演算を行い，周波数領域で窓関数 $W(m)$ を用いて式 (7.4) のように自己相関関数を切り出す．

$$R_w(m) = W(m)R_{xx}(m) \tag{7.4}$$

式 (7.4) に DTFT（実用的には離散フーリエ変換（DFT））を施すと，

$$S_1(\Omega) = \mathrm{DTFT}[R_w(m)] = \sum_{m=-\infty}^{\infty} R_w(m)e^{-j\Omega m} \tag{7.5}$$

によりパワースペクトル $S_1(\Omega)$ を得る．

　他の方法として，標本信号に対して直接窓関数 $w(n)$ を用いて

$$x_w(n) = w(n)x(n) \tag{7.6}$$

のように切り出す．窓関数は，有限長の信号として切り出すために用いられるが，両端での信号の不連続性の影響を低減するために，両側がゼロに減衰する形状とすることが多い．DTFT を施すと，

$$X_w(\Omega) = \mathrm{DTFT}[x_w(n)] = \sum_{m=-\infty}^{\infty} x_w(m)e^{-j\Omega m} \tag{7.7}$$

を得ることもできる．式 (7.7) を用いると，パワースペクトル $S_2(\Omega)$ は

$$S_2(\Omega) = X_w(\Omega)^* X_w(\Omega) = |X_w(\Omega)|^2 \tag{7.8}$$

により推定することができる．

7.1.2　モデリングにもとづくスペクトル推定

　次に，ある標本信号を再現する信号生成モデルのパラメータ推定について説明する．この方法により線形モデルを用いて不規則信号をモデル化し，未来値を予測することができる．これは，定常確率過程の**モデリングによるスペクトル推定**といわれている．

[†] パワースペクトルを何らかの方法で推定できれば，IFT（IDFT）により 2 次モーメント関数を推定できる．

図 7.1 に示す定常不規則信号において，時刻 n における信号値 $\hat{x}(n)$ をそれ以前の信号値の線形結合で表す．すなわち，N 個前までの値と係数 a_i を用いて線形結合で表現し，

$$\hat{x}(x) = a_1 x(n-1) + a_2 x(n-2) + \cdots + a_N x(n-N) \tag{7.9}$$

とする．式 (7.9) は，過去の信号値を用いて現時点での信号値（予測値）を得る形になっており，このようなモデルを**線形予測**という．これから述べるように信号のモデル化によるスペクトル推定は，この線形予測にもとづく方法である．

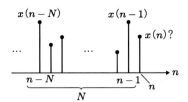

図 7.1 定常信号の線形予測

実際の信号値 $x(n)$ と予測値 $\hat{x}(n)$ との誤差信号は

$$e(n) = x(n) - \hat{x}(n) = x(n) - \sum_{i=1}^{N} a_i x(n-i) \tag{7.10}$$

と表される．

不規則信号なので，評価関数として誤差の分散（2 乗誤差の確率的平均）を

$$J(a_i) = E[e(n)^2] \tag{7.11}$$

と定義し，平均 2 乗誤差を係数 a_i を未知変数として最小化する．

式 (7.11) の評価関数を係数 a_k に関して偏微分をし，ゼロとすると，

$$E[x(n)x(n-k)] - \sum_{i=1}^{N} a_i E[x(n-i)x(n-k)] = 0, \quad k = 1, 2, \cdots, N \tag{7.12}$$

となり，さらに自己相関関数を

$$R_k = R_{xx}(k) = E[x(n)x(n-k)] \tag{7.13}$$

$$R_{k-i} = R_{xx}(k-i) = E[x(n-i)x(n-k)] \tag{7.14}$$

とおくと，式 (7.15) の正規方程式（**ユール・ウォーカー方程式**）を得る．

$$\begin{bmatrix} R_0 & R_1 & \cdots & R_{N-1} \\ R_1 & R_0 & \cdots & R_{N-2} \\ \vdots & \vdots & \ddots & \vdots \\ R_{N-1} & R_{N-2} & \cdots & R_0 \end{bmatrix} \begin{bmatrix} a_1 \\ a_2 \\ \vdots \\ a_N \end{bmatrix} = \begin{bmatrix} R_1 \\ R_2 \\ \vdots \\ R_N \end{bmatrix} \tag{7.15}$$

$$\mathbf{Ra} = \mathbf{r} \tag{7.16}$$

式 (7.15) および式 (7.16) の対称行列 $\mathbf{R}$（**トエプリッツ行列**という）の逆行列を求めることで，係数ベクトル

$$\mathbf{a} = \mathbf{R}^{-1}\mathbf{r} \tag{7.17}$$

を得る．なお，トエプリッツ逆行列の計算には，コレスキー分解等さまざまな方法が知られている．

相関関数は，実際にはエルゴード性を仮定して次のように計算する．

$$R_m = R_{xx}(m) = \frac{1}{N} \sum_{n=1}^{N-m-1} x(n)x(n+m) \tag{7.18}$$

などにより行う．

また，正確に予測されたときの誤差信号の自己相関関数は，

$$R_{ee}(k) = E[e(n)e(n-k)] = \begin{cases} R_0 - \sum_{i=1}^{N} a_i R_i, & k = 0 \\ 0, & k \neq 0 \end{cases} \tag{7.19}$$

と表され，白色信号となる[†]．すなわち，式 (7.19) のパワースペクトルは

$$E(\Omega) = c\,(一定) \tag{7.20}$$

となる．

さらに，式 (7.10) から，元の信号は

$$x(n) - e(n) + \hat{x}(n) = c(n) + \sum_{i=1}^{N} a_i x(n-i) \tag{7.21}$$

と表され，式 (7.21) の両辺を DTFT すると，

$$X(\Omega) = E(\Omega) + A(\Omega)X(\Omega) \tag{7.22}$$

[†] 白色信号のパワースペクトルは全周波数で一定となるが，有色信号ではさまざまな形状のスペクトル特性となる．

となる．なお，式 (7.21) の第 2 項は a_n と $x(n)$ との畳み込み和であり，DTFT は各々
の DTFT の積となることに注意する．したがって，

$$X(\Omega) = \frac{1}{1 - A(\Omega)} E(\Omega) = H(\Omega) E(\Omega) \tag{7.23}$$

と表すと，式 (7.20) より（$c = 1$ とする），パワースペクトルは

$$S(\Omega) = X(\Omega) X(\Omega)^* = H(\Omega) H(\Omega)^* = |H(\Omega)|^2 \tag{7.24}$$

$$H(\Omega) = \frac{1}{1 - A(\Omega)} \tag{7.25}$$

と求められる．

　一方，式 (7.10) の関係より，予測信号は図 7.2 のように白色信号 $e(n)$ を入力信号
とする出力信号として表される．これを **AR**（auto regressive）**モデル**による信号の
予測という．この場合，式 (7.23) および式 (7.25) より入力と出力の関係は AR モデ
ル（分子が 1 の IIR フィルタ）であり，線形予測は AR モデルを介してスペクトル解
析と深く関係していることがわかる．なお，式 (7.23) の $H(\Omega)$ は図 7.2 の破線部に対
応するが，AR モデルのかわりに **FIR** フィルタを用いる **MA モデル**や，**IIR** フィル
タを用いる **ARMA モデル**なども知られている．

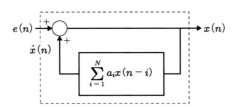

図 7.2　定常信号の **AR** モデルによる予測

7.1.3　ラティスフィルタと予測

　次に，ラティスフィルタと線形予測との関係について述べる．ラティスフィルタは，
図 7.3(a) のように信号処理のブロック図が格子（ラティス）状になっていることが特
徴であり，係数の量子化による特性劣化が少ない低係数感度フィルタとして用いられ
ている．図 7.1 をもとに，$m(= N)$ 個の信号値を用いる前向き方向の（$x(n)$ を予測す
る）誤差信号 $e^{(m)}(n)$ と，後ろ向き方向の（$x(n - m)$ を予測する）誤差信号 $f^{(m)}(n)$
を次式のように表す．

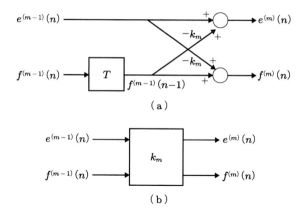

図 **7.3** ラティスフィルタ（基本区間）と誤差信号

$$e^{(m)}(n) = x(n) - \sum_{i=1}^{m} a_i^{(m)} x(n-i) \tag{7.26}$$

$$f^{(m)}(n) = x(n-m) - \sum_{i=1}^{m} a_i^{(m)} x(n-m+i) \tag{7.27}$$

$x(n)$ は定常信号なので，式 (7.26) と式 (7.27) の係数は同一とする．式 (7.26) と式 (7.27) とレビンソン・ダービンのアルゴリズムより，

$$e^{(m)}(n) = e^{(m-1)}(n) - k_m f^{(m-1)}(n-1) \tag{7.28}$$

$$f^{(m)}(n) = f^{(m-1)}(n-1) - k_m e^{(m-1)}(n) \tag{7.29}$$

の関係式を得る（導出は省略）．ここで，$k_m = a_m^{(m)}$ とする．図 7.3(a) は式 (7.28) および式 (7.29) の関係を信号処理ブロックで表したものである（遅延量は $T = 1$ としている．）．図 7.3(b) は入出力関係をブロックとして表した図であり，このブロックをラティス区間とよぶこととする．

また，入力信号を

$$e^{(0)}(n) = f^{(0)}(n) = x(n) \tag{7.30}$$

として，ラティス区間を接続すると図 7.4 のような構成図を得る．図において 2 端子の出力は次数 m の場合の前向きと後ろ向きの予測誤差である．予測精度が高ければ両誤差信号は白色信号に近づく．入力信号（有色信号を仮定）$x(n)$ に対するこのような処理は**白色化過程**という．

さらに，式 (7.28) を変形すると

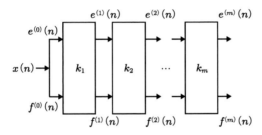

図 7.4　ラティス区間の接続と不規則信号の白色化過程

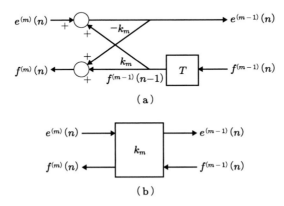

（ a ）

（ b ）

図 7.5　逆ラティスフィルタ（基本区間）

$$e^{(m-1)}(n) = e^{(m)}(n) + k_m f^{(m-1)}(n-1) \tag{7.31}$$

と表されるので，式 (7.31) と式 (7.29) より図 7.5 に示す逆ラティスフィルタを得る．図 7.5 は図 7.3 のラティスフィルタの入力信号と出力信号が入れ替わった表現になっていることに注意する．

　図 7.6 は，図 7.5 の逆ラティス区間を接続した構成図である．逆ラティスフィルタは，誤差信号 $e^{(m)}(n)$ から $e^{(0)}(n) = x(n)$ へと白色化過程を反対にたどる処理になる．図 7.4 の白色化過程の係数を用いた図 7.6 において，白色信号 $e(n)$ を左端から入力すると，元の定常不規則信号 $x(n)$ が右端から出力される．再度入力側へ戻るよう

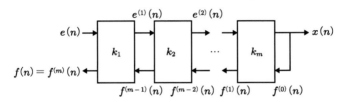

図 7.6　ラティスフィルタを用いた定常不規則信号の生成過程

に $x(n)$ を入力すると，逆特性をもつラティスフィルタによる処理により，白色信号 $f(n)$ が生成される過程となる．

7.2 短時間フーリエ変換

観測信号のスペクトルは，時々刻々と変化する場合に**時変スペクトル**というが，これは非定常信号の特徴の一つである．本節では，そのような非定常信号のスペクトル解析について考えよう．時変スペクトルの解析法も，変換にもとづく方法とモデル化にもとづく方法（たとえばラティスフィルタのパラメータを変更する方法）に大別でき，多数存在する．

時変スペクトルの場合，定常スペクトル解析法の直接的な適用ではうまくいかない．たとえば，フーリエ変換をそのまま適用すると信号の全区間（積分範囲）でのフーリエスペクトルを求めることができるが，部分区間でのスペクトルはわからない．短い区間での信号の局所的な変動を扱うためには，周波数の概念を拡張することが必要になる．

7.2.1 瞬時周波数

まず，局所的な周波数を定義する方法として，**瞬時周波数**

$$f_x(t) = \frac{1}{2\pi} \frac{d}{dt} \arg\{x(t)\} \tag{7.32}$$

を定義する．瞬時周波数は三角関数の角度の微分になるので，いわゆる周波数の定義の自然な拡張となる．観測信号（実数値信号 $x_R(t)$）の瞬時周波数を得るためには，式 (7.32) の位相表現が必要になるので，ヒルベルト変換を施した信号 $x_H(t)$ を虚数部とする解析信号

$$x(t) = x_R(t) + jx_H(t) \tag{7.33}$$

を用いる．

7.2.2 スペクトログラム

変換にもとづく方法として，複素正弦波をもとにした**短時間フーリエ変換**（STFT）を導入する．アナログ信号の STFT は

$$X_w(\omega, \tau) = \int_{-\infty}^{+\infty} w(t - \tau)x(t)e^{-j\omega t}dt \tag{7.34}$$

と表され，解析対象信号 $x(t)$ に窓関数とよばれる一定区間範囲に値をもつ信号 $w(t)$ を乗じることで信号を切り出し，その区間を移動させながらフーリエ変換を行ったものである．このため，STFT は切り出された局所区間での周波数を反映するフーリエスペクトルとなる．

式 (7.34) のパワースペクトル $|X_w(\omega, \tau)|^2$ は，**スペクトログラム**とよばれている．スペクトログラムは，時間と周波数の 2 変数を平面とした 3 次元パワースペクトル分布が時間的に変動する様子を表すものであり，STFT による信号の**時間 – 周波数分布**（時間 – 周波数表現）ということもある．

STFT では，窓関数の時間域の形状，拡がり，周波数減衰特性等がスペクトル解析の性能を決めるため，7.3.4 項で述べるように窓関数を選定する上では注意が必要である．窓関数にガウス関数を用いた場合を**ガボール変換**というが，ガウス関数は時間と周波数の拡がりを共に最も小さくする窓関数であることが知られている．

スペクトル推定では必ずしも必要としないが，STFT の信号処理への応用などにおいては逆変換が有用である．STFT の逆変換は，逆フーリエ変換との類推より

$$x(\tau) = \frac{1}{2\pi w(0)} \int_{-\infty}^{+\infty} X_w(\omega, \tau) e^{j\omega\tau} d\omega \tag{7.35}$$

と表される．ただし，$w(0) \neq 0$ とする．なお，逆変換には式 (7.35) 以外にも，より一般的な積分変換を用いる形式も存在する．

7.2.3 ディジタル信号の STFT

ディジタル信号 $x(n)$ に対する**離散時間 STFT** は DTFT を用いて

$$X_w(\Omega, m) = \sum_{n=-\infty}^{+\infty} w(n-m) x(n) e^{-j\Omega n} \tag{7.36}$$

と表される．パワースペクトル $|X_w(\Omega, m)|^2$ は離散時間 STFT による時間 – 周波数分布となり，逆変換は逆離散時間フーリエ変換を用いることで

$$x(m) = \frac{1}{2\pi w(0)} \int_{-\pi}^{+\pi} X_w(\Omega, m) e^{j\Omega m} d\Omega \tag{7.37}$$

と表される．

ここで，離散時間 STFT において特定の時刻 m におけるある角周波数 Ω_k のスペクトル成分に着目する．式 (7.36) は，

$$X_w(\Omega_k, m) = h(m) * [x(n)e^{-j\Omega_k n}] = \sum_{n=-\infty}^{\infty} h(m-n)x(n)e^{-j\Omega_k n} \quad (7.38)$$

と表せる．ただし，$h(n) = w(-n)$ とおき，$*$ は畳み込み和を表す．式 (7.38) から，離散時間 STFT は，解析対象の信号を**変調**してインパルス応答が $h(n)$ のフィルタで処理することで得られることがわかる．図 7.7 にブロック図を示す．

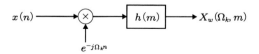

図 7.7 離散時間 STFT の変調とフィルタによる処理

また，式 (7.36) は，

$$X_w(\Omega_k, m) = e^{-j\Omega_k m}[x(n) * h(n)e^{j\Omega_k n}] \quad (7.39)$$

とも表せる．これをブロック図で表すと図 7.8 となる．この場合，離散時間 STFT は，解析対象信号をバンドパスフィルタ（インパルス応答 $h(n)e^{j\Omega_k}$）でフィルタ処理をした後に変調することで得られることになる．

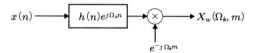

図 7.8 離散時間 STFT のバンドパスフィルタと変調による処理

さらに，角周波数 Ω の $0 \sim 2\pi$ 区間を K 等分した離散周波数点を $\Omega_k = 2\pi k/K$，$k = 0, 1, \cdots, K-1$ とすると，時間と周波数の両方を離散化した STFT となる．この変換は，DFT を用いて周波数領域に変換可能であり，**離散 STFT** という．離散 STFT は，窓長 M の窓を移動しながら乗算して切り出した離散時間信号にサイズ K の DFT を施すので

$$X_w(k, m) = \sum_{n=-\infty}^{+\infty} h(m-n)x(n)e^{-j\frac{2\pi nk}{K}}, \quad k = 0, 1, \cdots, K-1 \quad (7.40)$$

と表される．

図 7.9 に窓長 M，DFT のサイズ K の場合の離散 STFT の処理の流れを示す．窓関数の移動量は L と表している（式 (7.40) では $L = 1$ の場合となる）．なお，移動量と等しい窓長をもつ矩形窓を用いた場合の変換は，5.1.3 項で述べた DFT の基底と変換と一致する．すなわち，式 (5.31) のように小ブロックに分割して DFT を施すこと

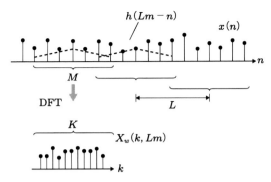

図 7.9 窓長，移動量（間引き率），DFT サイズの関係

になる.

7.2.4　フィルタバンクによる実現

　離散 STFT は離散時間**フィルタバンク**とのつながりが深い．窓関数の移動量を 1 サンプルではなく，$L = M$ サンプル間隔単位で移動させると，各切り出しの信号は時間領域で重なることはなく，

$$X_w(k, Mm) = e^{-j\frac{2\pi Mm}{K}}\left[\downarrow_M x(n) * h(n)e^{j\frac{2\pi kn}{K}}\right] \tag{7.41}$$

と表される．ただし，$\downarrow_M$ は比率 M のダウンサンプリング処理を表す．この場合，図 7.7 および図 7.8 の出力であるスペクトル成分にダウンサンプリング処理を施こした，分析フィルタバンクを用いたスペクトル解析の方法となる．窓関数が移動する量（ダウンサンプリング比）が増えると，切り出し区間の間隔が広がるので粗いスペクトル解析となるが，演算回数は減らすことができる．

　とくに，$L = M$ のとき**クリティカルサンプリング**，$L < M$ のとき**オーバーサンプリング**，$L > M$ のとき**アンダーサンプリング**という．なお，フィルタバンクにもとづくスペクトル解析では，窓関数として IIR フィルタを用いることが可能となり，演算効率を向上させることができる．

　次に，離散 STFT の逆変換について述べる．完全な逆変換ができる場合は信号の再構成というが，ここでは K 個の離散周波数点の値を処理して再構成する方法を示す．まず，代表的な方法である窓関数 $h(n)$（以後，分析窓という）のみを用いる**フィルタバンク総和法**（FBS）と**重複加算法**（OLA）にもとづく方法の 2 種類を示す．

　FBS では，分析窓が

$$\sum_{k=0}^{K-1} H\left(\Omega - \frac{2\pi k}{K}\right) = Kh(0) \tag{7.42}$$

の条件を満たすと（$M=1$ の場合），

$$\hat{x}(m) = \frac{1}{Kh(0)} \sum_{k=0}^{K-1} X_w(k, m) e^{j\frac{2\pi km}{K}} \tag{7.43}$$

のようにスペクトル成分を変調して，総和処理により再構成することができる．式 (7.42) は，分析窓の DTFT を周波数軸で移動し重ね合わせたものが一定になるという条件であり，これを満たすとき $\hat{x}(m)$ は IDFT により復元できる．

また，OLA では，分析窓の移動量を M としたとき，

$$\hat{x}(m) = \frac{M}{H(0)} \sum_{p=-\infty}^{+\infty} \frac{1}{K} \sum_{k=0}^{K-1} X_w(k, Mp) e^{j\frac{2\pi km}{K}} \tag{7.44}$$

のように IDFT を用いることで合成できる．OLA の分析窓には，$M=1$ を含めて

$$\sum_{p=-\infty}^{+\infty} h(Mp - n) = \frac{H(0)}{M} \tag{7.45}$$

の条件が必要になる．式 (7.45) は，分析窓を時間軸で移動し重ね合わせたものが一定になる条件を表す．

これらの再構成法は，より一般的な形に拡張できる．再構成の表現式は，新たに合成窓関数 $g(n)$ を用いることで

$$\hat{x}(m) = \sum_{k=0}^{K-1} \sum_{p=-\infty}^{+\infty} g(m - Mp) X_w(k, Mp) e^{j\frac{2\pi km}{K}} \tag{7.46}$$

と表される．式 (7.46) は一般化 FBS，または重み付き OLA という．なお，$g(m) = \delta(m)$ とすると FBS となり，$g(m) = 1/H(0)$ とすると OLA となる．

また，式 (7.46) をフィルタバンクとみなすと，逆変換は分析フィルタバンクの逆の処理過程である合成フィルタバンクとなるので，

$$\hat{x}(m) = \sum_{k=0}^{K-1} e^{-j\frac{2\pi Mm}{K}} \left[X_w(k, Mn) * g(n) e^{j\frac{2\pi kn}{K}} \uparrow_M \right] \tag{7.47}$$

と表される．ここで $\uparrow_M$ は比率 M のアップサンプリング処理を表す．一般化 FBS では，再構成のためには窓関数（フィルタ）に関して，

$$\sum_{m=-\infty}^{+\infty} g(n - Mm)h^*(Mm - n + sK) = \delta(s) \qquad (7.48)$$

が成立する必要がある．この条件により，分析側と合成側を接続したシステムは入力信号と出力信号が一致し，恒等写像になる．

フィルタバンクにもとづく方法では，とくに $M = L$ のときに次項で説明する FFT とポリフェーズフィルタバンクを用いた演算上極めて効率的な実現方法が存在する．

7.2.5 ポリフェーズ DFT フィルタバンク

本項では，ディジタル信号のスペクトル解析法を**ポリフェーズフィルタバンクシステム**として説明する．

7.2.4 項では，離散 STFT は分析フィルタバンクと等価であることを述べた．図 7.10 にバンドパスフィルタを並列に K 個並べ，各サブバンドの出力信号を比率 K でダウンサンプリングする分析フィルタバンクの構成図を示す．

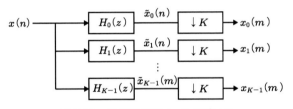

図 7.10 K 分割分析フィルタバンク

各フィルタは，インパルス応答 $h_i(n)$ の z 変換により

$$H_i(z) = \sum_{n=-\infty}^{+\infty} h_i(n)z^{-n}, \quad i = 0, 1, \cdots, K-1 \qquad (7.49)$$

と表記している．z 変換を用いると畳み込みの和の関係がベクトルの積で表されるため簡素化される．また，窓関数に相当するインパルス応答が IIR フィルタ（無限長）の場合も表せることから，システムの設計の自由度が広がる．

分析フィルタには，帯域幅が $2\pi/K$ のローパスフィルタ $h(n)$ を一つ用意して（プロトタイプフィルタという），その周波数特性を周波数軸上で移動することで得られるバンドパスフィルタを用いる．すなわち，

$$h_i(n) = h(n)e^{j\frac{2\pi i}{K}n}, \quad i = 0, 1, \cdots, K-1 \qquad (7.50)$$

$$H_i(\Omega) = H\left(\Omega - \frac{2\pi}{K}i\right), \quad i = 0, 1, \cdots, K-1 \qquad (7.51)$$

とする．式 (7.50) の z 変換は，$W_K = e^{-j2\pi/K}$ とおくと，

$$H_i(z) = H(zW_K^i), \quad i = 0, 1, \cdots, K - 1 \tag{7.52}$$

と表される．$H(z) = H_0(z)$ となることに注意しよう．

一方，インパルス応答 $h_i(n)$ から位相を変えて K 間隔で抽出した信号

$$h_{il}(n) = h_i(nK + l), \quad l = 0, 1, \cdots, K - 1, \quad i = 0, 1, \cdots, K - 1 \tag{7.53}$$

を用いると，その z 変換は

$$H_i(z) = \sum_{l=0}^{K-1} z^{-l} H_{il}(z^K), \quad i = 0, 1, \cdots, K - 1 \tag{7.54}$$

と表される．式 (7.54) は $H_i(z)$ のポリフェーズ表現という．

したがって，BPF の出力信号 $\tilde{x}_i(n)$ の z 変換は，

$$\begin{aligned}
\tilde{X}_i(z) &= H_i(z)X(z) = \sum_{l=0}^{K-1} z^{-l} H_{il}(z^K) X(z) \\
&= \sum_{l=0}^{K-1} (zW_K^i)^{-l} H_{0l}\left((zW_K^i)^K\right) X(z) \\
&= \sum_{l=0}^{K-1} \{z^{-l} H_{0l}(z^K)X(z)\} W_K^{-il}, \quad i = 0, 1, \cdots, K - 1 \tag{7.55}
\end{aligned}$$

となる．式 (7.55) を式 (1.60) の DFT 行列 $\mathbf{W}_{\mathrm{DFT}}$ を用いてベクトルで表現すると，

$$\tilde{\mathbf{X}}(z) = \mathbf{W}_{\mathrm{DFT}}^* \mathbf{h}_p(z^K) X(z) \tag{7.56}$$

$$\tilde{\mathbf{X}}(z) = \begin{bmatrix} \tilde{X}_0(z) & \tilde{X}_1(z) & \cdots & \tilde{X}_{K-1}(z) \end{bmatrix}^T \tag{7.57}$$

$$\mathbf{h}_p(z^K) = \begin{bmatrix} H_{00}(z^K) & z^{-1}H_{01}(z^K) & \cdots & z^{-(K-1)}H_{0,K-1}(z^K) \end{bmatrix}^T \tag{7.58}$$

となる．式 (7.56) の関係は図 7.11 のように表される．なお，ダウンサンプリング後の信号は，

$$X_i(z) = \frac{1}{K} \sum_{k=0}^{K-1} \tilde{X}_i(zW_K^k), \quad i = 0, 1, \cdots, K - 1 \tag{7.59}$$

と表される．

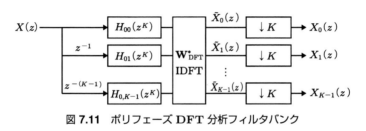

図 7.11 ポリフェーズ DFT 分析フィルタバンク

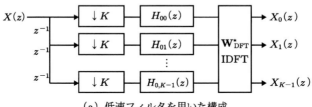

（a）低速フィルタを用いた構成

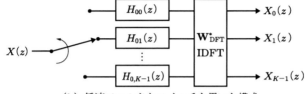

（b）低速フィルタとスイッチを用いた構成

図 7.12 効率的なポリフェーズ DFT 分析フィルタバンク

　さらに，図 7.11 は図 7.12(a) のようにダウンサンプリングの位置を移動する等価変換が可能であり，唯一のフィルタから得られる低速フィルタと IDFT（IFFT）から構成されるシステムを得る．図 7.12(b) ではスイッチを用いて入力信号のサンプリング速度を低下させ，各フィルタでの順次処理を実現している．ポリフェーズ DFT フィルタバンクでは，K が大きければそれだけフィルタの動作速度は遅くなり，また，FFT を適用すれば演算量は削減され，効果が高い．

　次に，合成フィルタバンクについて説明する．合成側も帯域幅が $2\pi/K$ の LPF $g(n)$ を周波数軸上で移動することで得られる BPF を用いて図 7.13 のように対称的に構成する．

　分析フィルタと同様に BPF のインパルス応答は，

$$g_i(n) = g(n)e^{j\frac{2\pi i}{K}n}, \quad i = 0, 1, \cdots, K-1 \tag{7.60}$$

$$G_i(z) = G(zW_K^i), \quad i = 0, 1, \cdots, K-1 \tag{7.61}$$

とする．インパルス応答から位相を変えて抽出した信号

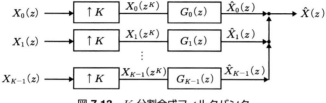

図 **7.13** K 分割合成フィルタバンク

$$g_{il}(n) = g_i(nK - l), \quad l = 0, 1, \cdots, K - 1, \quad i = 0, 1, \cdots, K - 1 \quad (7.62)$$

を用いると，ポリフェーズ表現は，

$$G_i(z) = \sum_{l=0}^{K-1} z^l G_{il}(z^K), \quad i = 0, 1, \cdots, K - 1 \qquad (7.63)$$

となる．

したがって，再構成信号は

$$
\begin{aligned}
\hat{X}(z) &= \sum_{i=0}^{K-1} \hat{X}_i(z) = \sum_{i=0}^{K-1} G_i(z) X_i(z^K) = \sum_{i=0}^{K-1} \sum_{l=0}^{K-1} z^l G_{il}(z^K) X_i(z^K) \\
&= \sum_{i=0}^{K-1} \sum_{l=0}^{K-1} (zW_K^i)^l G_{0l}\left((zW_K^i)^K\right) X_i(z^K) \\
&= \sum_{l=0}^{K-1} z^l G_{0l}(z^K) \sum_{i=0}^{K-1} X_i(z^K) W_K^{il} \qquad (7.64)
\end{aligned}
$$

と表される．DFT 行列を用いると

$$\hat{X}(z) = \mathbf{g}(z^K)^T \mathbf{W}_{\mathrm{DFT}} \mathbf{X}(z^K) \qquad (7.65)$$

$$\mathbf{X}(z) = \begin{bmatrix} X_0(z) & X_1(z) & \cdots & X_{K-1}(z) \end{bmatrix}^T \qquad (7.66)$$

$$\mathbf{g}(z^K) = \begin{bmatrix} G_{00}(z^K) & z^1 G_{01}(z^K) & \cdots & z^{(K-1)} G_{0,K-1}(z^K) \end{bmatrix}^T \qquad (7.67)$$

のようにベクトルを用いて表される．

式 (7.65) の関係は図 7.14 のように表される．また，図 7.15(a) のようにアップサンプリングの位置を移動する等価変換が可能であり，低速フィルタと DFT（FFT）により構成できる．サンプリング速度上昇のためのスイッチを用いると図 7.15(b) の構成となり演算効率が高いシステムを得る．

図 7.12 の分析フィルタバンクの出力に図 7.15 の合成フィルタバンクを接続する．

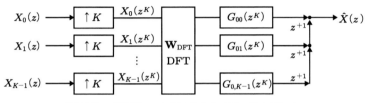

図 **7.14** ポリフェーズ **DFT** 合成フィルタバンク

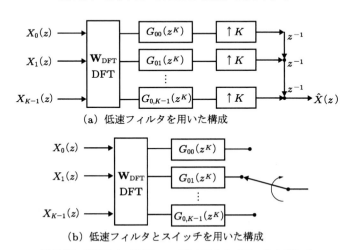

（a）低速フィルタを用いた構成

（b）低速フィルタとスイッチを用いた構成

図 **7.15** 効率的なポリフェーズ **DFT** 合成フィルタバンク

IDFT と DFT により単位行列となるので（$1/K$ 倍する）, $\hat{X}(z) = z^{-(K-1)}X(z)$ のように再構成されるためのプロトタイプフィルタに関する条件は,

$$H_{0i}(z)G_{0i}(z) = z^{-P}, \quad i = 0, 1, \cdots, K - 1 \tag{7.68}$$

となる. P は遅延量を表す任意の実数である. 実際のフィルタバンク設計の段階では, フィルタの種類（FIR, IIR）, 次数および特性を定めて式 (7.68) を満たすように近似することになる.

7.3 時間−周波数分布

本節ではスペクトログラムをもとにして, より一般的な他の時間−周波数表現について述べる.

7.3.1 ウィグナー分布

スペクトログラムは, 式 (7.34) より

$$|X_w(\omega, \tau)|^2 = \left| \int_{-\infty}^{+\infty} w(t - \tau)x(t)e^{-j\omega t}dt \right|^2 = \int_{-\infty}^{+\infty} r_{x_w, x_w}(u, \tau)e^{-j\omega u}du$$

$$\tag{7.69}$$

$$r_{x_w, x_w}(u, \tau) = \int_{-\infty}^{+\infty} w(t - \tau)x(t)w^*(t - \tau - u)x^*(t - u)dt \tag{7.70}$$

と変形でき，$x(t)$ を移動窓関数 $w(t - \tau)$ で切り取った局所的信号 $x_w(t)$ の自己相関関数 $r_{x_w, x_w}(u, \tau)$ のフーリエ変換と一致することがわかる（**アインシュタイン・ウィナー・ヒンチン定理**）．式 (7.69) および式 (7.70) は，定常信号の場合（自己相関関数に窓関数を用いない式 (7.1) および式 (7.2) の場合）を局所化した，時変パワースペクトルの表現となっている．

自己相関関数を信号同士の積の積分関数ではなく，τ 離れた瞬時の積関数（瞬時的な自己相関関数）を用いると，式 (7.1) のアインシュタイン・ウィナー・ヒンチン定理の関係は

$$W_x(t, \omega) = \int_{-\infty}^{\infty} x\left(t + \frac{\tau}{2}\right) x^*\left(t - \frac{\tau}{2}\right) e^{-j\omega\tau}d\tau \tag{7.71}$$

と表される．式 (7.71) の時間－周波数分布は，**ウィグナー分布**（または**ウィグナー・ヴァイル分布**）という．フーリエ変換を用いて式 (7.71) を表すと，

$$W_x(t, \omega) = \frac{1}{2\pi} \int_{-\infty}^{+\infty} X\left(\omega + \frac{\xi}{2}\right) X^*\left(\omega - \frac{\xi}{2}\right) e^{j\xi t}d\xi \tag{7.72}$$

となる．

ウィグナー分布は，以下の性質をもつ時間－周波数分布である．

1) $x(t) = 0, t \notin (t_1, t_2)$ ならば $W_x(t, \omega) = 0, t \notin (t_1, t_2)$. $X(\omega) = 0, \omega \notin (\omega_1, \omega_2)$ ならば $W_x(t, \omega) = 0, \omega \notin (\omega_1, \omega_2)$ を満たす．

2) $W_x^*(t, \omega) = W_x(t, \omega)$ を満たし常に実数値をもつ．ただし，非正値をとることもある．

3) $W_x(t, \omega) = W_x(t, -\omega)$ を満たし周波数軸に対して対称性をもつ．

4) 周辺条件である $\displaystyle\int_{-\infty}^{+\infty} W_x(t, \omega)d\omega = |x(t)|^2$, $\displaystyle\int_{-\infty}^{+\infty} W_x(t, \omega)dt = |X(\omega)|^2$ を満たす．また，信号の全エネルギーに関して $\displaystyle\int_{-\infty}^{+\infty}\int_{-\infty}^{+\infty} W_x(t, \omega)d\omega dt = \int_{-\infty}^{+\infty} |x(t)|^2dt = \frac{1}{2\pi}\int_{-\infty}^{+\infty} |X(\omega)|^2 d\omega$ を満たす（パーセバルの等式）．

5) 観測信号 $x(t)$ が時間および周波数に関して $x(t - t_0)e^{j\omega_0 t}$ のように移動すると，

$W_x(t, \omega)$ も $W_x(t - t_0, \omega - \omega_0)$ と移動する（シフト不変）.

6) ウィグナー分布から元の信号への逆変換は，逆フーリエ変換を用いることで

$$x(t) = \frac{1}{2\pi x^*(0)} \int_{-\infty}^{+\infty} W_x\left(\frac{t}{2}, \omega\right) e^{j\omega t} d\omega \tag{7.73}$$

と表される.

　上記の性質は，時変パワースペクトルとして相応しい性質をほぼ満足している．しかし，ウィグナー分布の2) の非正値の性質は望ましくない．その他にも，正負の周波数成分をもつ実信号や二つの成分以上からなる信号では干渉項（クロス項）が生じるという問題点も知られている．ウィグナー分布を計算する際には，正負の周波数成分の干渉を起こさないよう，解析対象信号を式 (7.33) で表される負の周波数成分をもたない解析信号に変換して用いる.

　上述の問題を解決する時間 – 周波数分布として，ある窓関数 $h(\tau)$ を用いて式 (7.71) の積関数をフーリエ変換した擬似ウィグナー分布

$$WPS_x(t, \omega) = \int_{-\infty}^{+\infty} h(\tau) x\left(t + \frac{\tau}{2}\right) x^*\left(t - \frac{\tau}{2}\right) e^{-j\omega\tau} d\tau \tag{7.74}$$

が知られている．ただし，4) の周辺条件は満たさなくなる.

　同様に，2 次元のある時間 – 周波数関数 $\Phi(t, \omega)$ を用いてウィグナー分布を**平滑化**（スムージング）した，**平滑化ウィグナー分布**も知られている.

$$SW_x(t, \omega) = \int_{-\infty}^{+\infty} \int_{-\infty}^{+\infty} \Phi(t - t', \omega - \omega') W_x(t', \omega') dt' d\omega' \tag{7.75}$$

　なお，スペクトログラムは，次式に示す窓関数にウィグナー分布を用いた場合の平滑化ウィグナー分布と一致する.

$$|X_w(\omega, \tau)|^2 = \int_{-\infty}^{+\infty} \int_{-\infty}^{+\infty} W_x(t', \omega') W_w(t' - t, \omega' - \omega) dt' d\omega' \tag{7.76}$$

　一方，式 (7.71) のウィグナー分布と類似した定義式の**曖昧度関数**が知られている[†].

$$A_x(\tau, \nu) = \int_{-\infty}^{+\infty} x\left(t + \frac{\tau}{2}\right) x^*\left(t - \frac{\tau}{2}\right) e^{-j\nu t} dt \tag{7.77}$$

フーリエ変換を用いて式 (7.77) を表すと

[†] レーダーやソナーなどでは式 (7.77) をもとに送信波と反射波から移動物体までの距離と速度を推定する．遅延とドップラー効果等により速度と距離に関係するパラメータ τ, ν に不確定性が存在するが，それを表すのに適しているため，曖昧度関数という.

$$A_x(\tau, \nu) = \int_{-\infty}^{+\infty} X\left(\omega + \frac{\nu}{2}\right) X^*\left(\omega - \frac{\nu}{2}\right) e^{j\tau\omega} d\omega \qquad (7.78)$$

となる. ウィグナー分布と同様に, 式 (7.78) と式 (7.77) はそれぞれ $\nu = 0$ とおくと時間に関して, $\tau = 0$ とおくと周波数に関して自己相関関数と等価になる. ウィグナー分布と曖昧度関数は, 次式のように 2 次元フーリエ変換で関係づけられている.

$$A_x(\tau, v) = \int_{-\infty}^{+\infty} \int_{-\infty}^{+\infty} W_x(t, \omega) e^{-j(\nu t - \tau\omega)} dt d\omega \qquad (7.79)$$

ディジタル信号のウィグナー分布に対しては, スペクトログラムの場合と同じように, 次式に示す変換式がある.

$$W_x(m, \Omega) = 2 \sum_{n=-\infty}^{+\infty} x(m+n)x^*(m-n)e^{-j2\Omega n} \qquad (7.80)$$

7.3.2 コーエンクラスの分布

その他にも, さまざまな時間 – 周波数分布が存在する. 次のような一般的な表現で書けるものを, **コーエンクラス** (Cohen class) の時間 – 周波数分布という.

$$S(t, \omega) = \iiint_{-\infty}^{+\infty} x\left(u + \frac{\tau}{2}\right) x^*\left(u - \frac{\tau}{2}\right) \phi(\nu, \tau) e^{-j(\nu t + \omega\tau - uv)} d\nu d\tau du \qquad (7.81)$$

ここで, $\phi(v, \tau)$ は**核関数**とよばれ, 核関数を適当に選ぶことで種々の時間 – 周波数分布となる. 表 7.1 にコーエンクラスに含まれる時間 – 周波数分布名称とその核関数

表 7.1 コーエンクラスの時間 – 周波数分布と核関数

名称	核関数：$\phi(\theta, \tau)$
ウィグナー	$\phi(\theta, \tau) = 1$
スペクトログラム	$W_w(t, \omega)$
マルゲナウ・ヒル	$\cos\frac{1}{2}\theta\tau$
キルクウッド, リハチェック	$e^{j\theta\tau/2}$
ボルン・ジョルダン (コーエン)	$\sin\frac{1}{2}\theta\tau \Big/ \frac{1}{2}\theta\tau$
ペイジ	$e^{j\theta|\tau|}$
チョイ・ウィリアムス	$e^{-\theta^2\tau^2/\sigma}$
チョウ・アトラス・マークス	$g(\tau)|\tau|\dfrac{\sin a\theta\tau}{a\theta\tau}$

（パラメータを含む）をまとめて示す．ウィグナー分布は，核関数が 1（一定値）の場合であるが，前述したように時間 – 周波数分布として多くの適した性質をもつ．しかし，解析対象によっては負値をとり，複数の成分から構成される信号では本来存在しない干渉項（クロス項）が発生することが知られている．その点，スペクトログラムは，正値をとり干渉項も抑圧されるが，分解能は窓関数により制約を受ける．また，厳

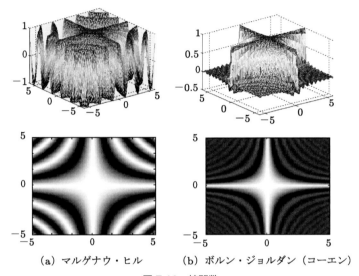

（a）マルゲナウ・ヒル　　　　　（b）ボルン・ジョルダン（コーエン）

図 7.16　核関数

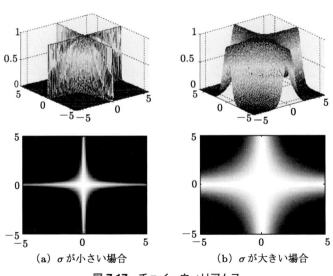

（a）σ が小さい場合　　　　　　（b）σ が大きい場合

図 7.17　チョイ・ウィリアムス

密にはシフト不変ではない.

　干渉項を除去するためには,図 7.16 および図 7.17 に示す特性の平滑化目的の核関数が用いられる.マルゲナウ・ヒルの核関数では比較的分解能は高いが干渉項は残存する.ボルン・ジョルダン(コーエン)の核関数では干渉項は少ないが非正値となることがある.σ が小さい場合のチョイ・ウイリアムスの核関数では干渉項は少ないが分解能は低く,σ が大きい場合にはウィグナー分布に近い性質となり,干渉項は大きい.しかし,パラメータを目的に合う分布が得られるように調整できることは長所である.

7.3.3　スカログラム

ウィグナー分布 $W_x(t, \omega)$ を

$$ASW_x(t, \omega) = \int_{-\infty}^{+\infty} \int_{-\infty}^{+\infty} \Phi\left(\frac{t'-t}{a}, a\omega\right) W_x(t', \omega') dt' d\omega' \tag{7.82}$$

のように**アフィン平滑化**する分布は,アフィン平滑化ウィグナー分布とよばれている.アフィン平滑化とは,式 (7.82) のように,a 倍(1/a 倍)および平行移動を伴う積分変換(畳み込み積分)である.解析対象信号のウィグナー分布をウェーブレット関数のウィグナー分布でアフィン平滑化した時間–周波数分布(厳密には時間–スケール分布)は,

$$|W_{x,\psi}(a, b)|^2 = \int_{-\infty}^{+\infty} \int_{-\infty}^{+\infty} W_x(t', \omega') W_\psi\left(\frac{t'-b}{a}, a\omega'\right) dt' d\omega'$$

$$= \left| \frac{1}{\sqrt{|a|}} \int_{-\infty}^{+\infty} x(t) \psi^*\left(\frac{t-b}{a}\right) dt \right|^2 \tag{7.83}$$

と表される.これは,ウェーブレット変換の絶対値の 2 乗となり,**スカログラム**という.

7.3.4　分解能

　ここでは時間–周波数分布により,時変スペクトルを解析するときに重要な要素となる周波数と時間に関する**分解能**について述べる.周波数分解能とは,$\Delta\omega$ の近接した角周波数をもつ信号(たとえば ω_0 [rad/s] と $\omega_0 + \Delta\omega$ [rad/s] の二つの正弦波)の周波数差を表現できるかを示す性能のことをいい,時間分解能とは Δt の短い時間間隔で起こった信号の変化(たとえば変化時刻 t_0 [s] と $t_0 + \Delta t$ [s] に起こった二つの突発的な信号)を検出できるかを示す性能のことをいう.

　STFT では窓関数で信号を切り出すため,時間分解能は窓関数の拡がりに依存する.また,式 (7.34) を窓関数と信号のフーリエ変換を用いて表すと

$$X_w(\omega, \tau) = \frac{1}{2\pi} e^{-j\omega\tau} \int_{-\infty}^{+\infty} X(\omega') W(\omega - \omega') e^{j\tau\omega'} d\omega' \tag{7.84}$$

である．このように，信号のスペクトルに窓関数のスペクトルを乗じて切り出すことになるので，スペクトルの拡がりが周波数分解能に関係することもわかる．

ここで信号の拡がり幅を

$$\sigma_t^2 = \int_{-\infty}^{+\infty} (t - \langle t \rangle)^2 |w(t)|^2 dt \tag{7.85}$$

$$\sigma_\omega^2 = \int_{-\infty}^{+\infty} (\omega - \langle\omega\rangle)^2 |W(\omega)|^2 d\omega \tag{7.86}$$

のように分散として表す．ただし，$\langle t \rangle$，$\langle\omega\rangle$ は，$w(t)$ および $W(\omega)$ に関する平均を表す．すると，式 (7.85) および式 (7.86) には次式の不確定性原理の関係が成り立つ．

$$\sigma_t \sigma_\omega \geq \frac{1}{2} \tag{7.87}$$

式 (7.87) は，時間領域での波形の拡がりと周波数領域でのスペクトルの拡がりをともに小さくすることには限界があることを示す．スペクトル解析において周波数分解能を上げるためには，窓関数のスペクトルの分散が小さいことが必要となる．しかし，不確定性原理より窓関数の時間分散は大きくなるので，時間変化を分離し難くなり，時間分解能は低下する．このように，STFT では周波数と時間の分解能を同時に上げることはできない．

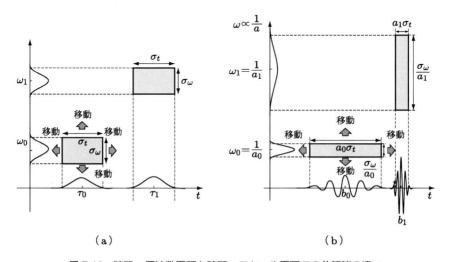

（a）　　　　　　　　　　　　　　　　（b）

図 **7.18**　時間 − 周波数平面と時間 − スケール平面での分解能の違い

スカログラムの時間分解能とスケール分解能（周波数分解能）は，スペクトログラムと比べて図 7.18 に示す特徴がある．適用する窓関数とウェーブレット関数のスケーリングの違いから，スペクトログラムでは低周波数から高周波数すべての範囲において分解能は変わらない．しかし，スカログラムでは低周波数では周波数分解能は高く，高周波数では周波数分解能は低い（時間分解能が高い）．

　式 (7.83) においてパラメータ a, b を離散化すると，j, k に関する**離散ウェーブレット変換**のスカログラムとなる．離散化は $a = 2^{-j}, b = 2^{-j}k$ のように 2 のべき乗をもとに不等間隔で行われ，次式のように表される．

$$|W_{x,\psi}(j,k)|^2 = \left| \int_{-\infty}^{+\infty} x(t)2^{j/2}\psi^*(2^j t - k)dt \right|^2 \tag{7.88}$$

　さらに，ディジタル信号に対する離散ウェーブレット変換は，2 分割フィルタバンクを枝状に構成することで実現できる．離散ウェーブレット変換の 2 乗 $|W_{x,\psi}(j,k)|^2$ は，時間 – 周波数平面上の離散点における時変スペクトル分布に相当する．

第**8**章

統計的信号解析

本章では，信号の統計的性質に着目した基礎的な不規則信号処理について説明する．これらは，データ圧縮，雑音除去，信号分離のみならず信号パターン分類や認識において有用である．代表的な手法として，主成分分析および独立成分分析について述べる．

8.1 主成分分析

8.1.1 低次元化

主成分分析（Principal Component Analysis: PCA）は，カルーヘン・レーベ展開（変換）と同値であり，KL 変換ともいわれている直交変換の一種である．

式 (8.1) の K 次元空間の不規則信号 $\mathbf{f}$ が，式 (8.2) のように式 (8.3) で表される N 個のある K 次元基底 $\boldsymbol{\varphi}_i$ と係数 α_i（確率変数）で線形表現されているとする．

$$\mathbf{f} = \begin{bmatrix} f_1 & f_2 & \cdots & f_K \end{bmatrix}^T \tag{8.1}$$

$$\mathbf{f} = \alpha_1 \boldsymbol{\varphi}_1 + \alpha_2 \boldsymbol{\varphi}_2 + \cdots + \alpha_N \boldsymbol{\varphi}_N \tag{8.2}$$

$$\left\{ \boldsymbol{\varphi}_n = \begin{bmatrix} \varphi_{n1} & \varphi_{n2} & \cdots & \varphi_{nK} \end{bmatrix}^T \right\}_{n=1,2,\cdots,N} \tag{8.3}$$

式 (8.2) を，別の L 個の K 次元直交基底

$$\left\{ \boldsymbol{\theta}_n = \begin{bmatrix} \theta_{n1} & \theta_{n2} & \cdots & \theta_{nK} \end{bmatrix}^T \right\}_{n=1,2,\cdots,L} \tag{8.4}$$

$$\langle \boldsymbol{\theta}_i, \boldsymbol{\theta}_j \rangle = \boldsymbol{\theta}_i^H \boldsymbol{\theta}_j = \delta_{ij} \tag{8.5}$$

で表現した

$$\hat{\mathbf{f}} = \begin{bmatrix} \hat{f}_1 & \hat{f}_2 & \cdots & \hat{f}_K \end{bmatrix}^T \tag{8.6}$$

$$\hat{\mathbf{f}} = c_1 \boldsymbol{\theta}_1 + c_2 \boldsymbol{\theta}_2 + \cdots + c_L \boldsymbol{\theta}_L \tag{8.7}$$

で近似することを考える．

ここで，$L < N$ となる場合，元信号が近似的に表現され，展開係数の数が減少する．このときの $\mathbf{f}$ から $\hat{\mathbf{f}}$ への変換を低次元化（低次数化）という．信号の近似表現を得るために，確率・統計的平均2乗誤差

$$J = E[\|\mathbf{f} - \hat{\mathbf{f}}\|^2] \tag{8.8}$$

を最小化する未知変数としての基底 $\boldsymbol{\theta}_i$ を標本信号を用いて求める．基底が定まれば，展開係数 c_i（確率変数）は内積により求められる．図 8.1 に，基底を変換する概念図を示す．

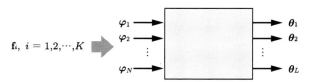

図 8.1　不規則信号の低次元基底変換

第3章や第4章で説明した信号の展開表現では，あらかじめ基底とその次元が定められていて，その上で係数ベクトルを求めていた．ここでは，次元のみを定め（$L \leq N$），不規則信号 $\mathbf{f}$ を用いて最良な基底を算出（設計）する問題となる．そのため，PCA ではいくつかの標本信号 $\mathbf{f}_i$ を用いる．標本信号は，統計的な特徴を代表する信号であれば十分であるが，元の信号を表す N 個の基底表現でもよい．すべての標本信号 $\mathbf{f}_i$ に対して平均的に2乗誤差を最小化する基底を求める．

式 (8.8) の評価関数を次のように変形する[†]．

$$E[\|\mathbf{f} - \hat{\mathbf{f}}\|^2] = E\left[\mathbf{f}^H \mathbf{f} - \sum_{i=1}^{L} \boldsymbol{\theta}_i^H \mathbf{f}\mathbf{f}^H \boldsymbol{\theta}_i\right] \qquad (\hat{\mathbf{f}} = \sum_{i=1}^{L} c_i \boldsymbol{\theta}_i \text{ を用いた})$$

$$= E[\mathbf{f}^H \mathbf{f}] - E\left[\sum_{i=1}^{L} \boldsymbol{\theta}_i^H \mathbf{f}\mathbf{f}^H \boldsymbol{\theta}_i\right] = E[\mathbf{f}^H \mathbf{f}] - \sum_{i=1}^{L} \boldsymbol{\theta}_i^H E[\mathbf{f}\mathbf{f}^H] \boldsymbol{\theta}_i \tag{8.9}$$

式 (8.9) を最小化することは，未知基底が含まれる第2項

$$\sum_{i=1}^{L} \boldsymbol{\theta}_i^H E[\mathbf{f}\mathbf{f}^H] \boldsymbol{\theta}_i = \sum_{i=1}^{L} \boldsymbol{\theta}_i^H \mathbf{R} \boldsymbol{\theta}_i \tag{8.10}$$

を最大化することと等価になる．ただし，式 (8.10) の分散共分散行列 $\mathbf{R}$（平均をゼロ

[†] 式 (8.9) では複素信号も対象にしているため共役転置 H を用いているが，実数信号であれば転置 T を用いた表現でよい．本章では，実数信号を対象とするので原則 T を用いる．

としているので自己相関行列）は

$$
\mathbf{R} = E[\mathbf{ff}^H] = E\left[\begin{bmatrix}\mathbf{f}_1 \\ \mathbf{f}_2 \\ \vdots \\ \mathbf{f}_K\end{bmatrix}\begin{bmatrix}\mathbf{f}_1 & \mathbf{f}_2 & \cdots & \mathbf{f}_K\end{bmatrix}\right] = E\begin{bmatrix}\mathbf{f}_1^H\mathbf{f}_1 & \mathbf{f}_1^H\mathbf{f}_2 & \cdots & \mathbf{f}_1^H\mathbf{f}_K \\ \mathbf{f}_2^H\mathbf{f}_1 & \mathbf{f}_2^H\mathbf{f}_2 & \ddots & \vdots \\ \vdots & \ddots & \ddots & \vdots \\ \mathbf{f}_K^H\mathbf{f}_1 & \cdots & \cdots & \mathbf{f}_K^H\mathbf{f}_K\end{bmatrix}
$$
$$
= \begin{bmatrix} E[\mathbf{f}_1^H\mathbf{f}_1] & E[\mathbf{f}_1^H\mathbf{f}_2] & \cdots & E[\mathbf{f}_1^H\mathbf{f}_K] \\ E[\mathbf{f}_2^H\mathbf{f}_1] & E[\mathbf{f}_2^H\mathbf{f}_2] & \ddots & \vdots \\ \vdots & \ddots & \ddots & \vdots \\ E[\mathbf{f}_K^H\mathbf{f}_1] & \cdots & \cdots & E[\mathbf{f}_K^H\mathbf{f}_K] \end{bmatrix} \tag{8.11}
$$

と表される．式 (8.11) では，標本信号 $\mathbf{f}_k$，$k = 1, 2, \cdots, K$ は，平均をゼロとして適用する．式 (8.11) の対称行列の要素は，エルゴード性を仮定し計算する†．

8.1.2　固有値と固有ベクトル

評価関数のうちの $\boldsymbol{\theta}$ を含む項である式 (8.10) において，

$$
J(\boldsymbol{\theta}_i) = \boldsymbol{\theta}_i^T \mathbf{R} \boldsymbol{\theta}_i, \quad i = 1, 2, \cdots, K \tag{8.12}
$$

の最大化問題を考えよう．これは $\|\boldsymbol{\theta}_i\| = 1$ という条件のもとで，$J(\boldsymbol{\theta}_i)$ を最大化するために，**ラグランジェの未定乗数法**（method of Lagrange multiplier）を用いると

$$
g(\boldsymbol{\theta}_i) = \boldsymbol{\theta}_i^T \mathbf{R} \boldsymbol{\theta}_i - \lambda_i(\boldsymbol{\theta}_i^T \boldsymbol{\theta}_i - 1) \tag{8.13}
$$

を最大化する問題になる．最大値を求めるために $\boldsymbol{\theta}_i$ に関して微分してゼロとすると，

$$
\mathbf{R} \boldsymbol{\theta}_i = \lambda_i \boldsymbol{\theta}_i \tag{8.14}
$$

を得ることになり，式 (8.14) を満たす K 次元信号 $\boldsymbol{\theta}_i$ が最大解となる．すなわち，$\mathbf{R}$ の固有ベクトルと固有値が解となる．

求めた固有値 λ_i を大きさの順に並べ，固有ベクトル $\mathbf{u}_i$ と表す．

$$
\mathbf{R} \mathbf{u}_i = \lambda_i \mathbf{u}_i, \quad i = 1, 2, \cdots, K, \quad (\lambda_1 \geq \lambda_2 \geq \cdots \geq \lambda_K) \tag{8.15}
$$

したがって，式 (8.10) を最大化する基底は，

$$
\boldsymbol{\theta}_i = \mathbf{u}_i \tag{8.16}
$$

となり，主成分分析は式 (8.15) の固有ベクトルを大きい順に L 個選択することで実現

---

† 応用によっては，分散共分散行列を $s_{ij} = \dfrac{f_{ij}}{\sqrt{f_{ii}f_{jj}}}$ のように正規化を施すことがある．

できる.

なお，対称行列の正規化された固有ベクトルは，

$$\mathbf{u}_i^T \mathbf{u}_i = \delta_{ij} \tag{8.17}$$

のように常に正規直交系をなすので式 (8.5) を満たすことに注意する.

また，式 (8.15) の左から $\mathbf{u}_i^T$ を乗じ，式 (8.17) を用いると，式 (8.10) は

$$\sum_{i=1}^{L} \boldsymbol{\theta}_i^T \mathbf{R} \boldsymbol{\theta}_i = \sum_{i=1}^{L} \mathbf{u}_i^T \mathbf{R} \mathbf{u}_i = \sum_{i=1}^{L} \mathbf{u}_i^T \lambda_i \mathbf{u}_i = \lambda_1 + \lambda_2 + \cdots + \lambda_L \tag{8.18}$$

となる.

なお，対角要素に固有値をもつ行列

$$\mathbf{D} = \begin{bmatrix} \lambda_1 & 0 & \cdots & 0 \\ 0 & \lambda_2 & \cdots & \vdots \\ \vdots & \ddots & \ddots & 0 \\ 0 & \cdots & 0 & \lambda_K \end{bmatrix} \tag{8.19}$$

を用いると，$\mathbf{R} \mathbf{U}_K = \mathbf{U}_K D$ なので式 (8.11) は

$$\mathbf{R} = \mathbf{U}_K \mathbf{D} \mathbf{U}_K^{-1} = \mathbf{U}_K \mathbf{D} \mathbf{U}_K^T \tag{8.20}$$

$$\mathbf{U}_K = \begin{bmatrix} \mathbf{u}_1 & \cdots & \mathbf{u}_K \end{bmatrix} \tag{8.21}$$

と表され，$\mathbf{U}_K$ は式 (8.22) を満たす直交行列となる.

$$\mathbf{U}_K^T \mathbf{U}_K = \mathbf{I} \tag{8.22}$$

行列 $\mathbf{U}_K$ を PCA 行列とよぶことにする.

8.1.3　最良近似信号

式 (8.17) の基底 $\mathbf{u}_i$ のうちの上位 L 個を用いると，低次元化された近似信号は

$$\hat{\mathbf{f}} = c_1 \mathbf{u}_1 + c_2 \mathbf{u}_2 + \cdots + c_L \mathbf{u}_L = \mathbf{U}_L \mathbf{c} \tag{8.23}$$

と表される. また，展開係数は，

$$\mathbf{c} = \mathbf{U}_L^T \mathbf{f} = \begin{bmatrix} \mathbf{u}_1^T \\ \mathbf{u}_2^T \\ \vdots \\ \mathbf{u}_L^T \end{bmatrix} \mathbf{f} = \begin{bmatrix} \mathbf{u}_1^T \mathbf{f} \\ \mathbf{u}_2^T \mathbf{f} \\ \vdots \\ \mathbf{u}_L^T \mathbf{f} \end{bmatrix} \tag{8.24}$$

と求められる．図 8.2 に変換を表す図を示す．式 (8.23) および式 (8.24) より

$$\hat{\mathbf{f}} = \mathbf{U}_L \mathbf{c} = \mathbf{U}_L \mathbf{U}_L^T \mathbf{f} \tag{8.25}$$

と表される．$\mathbf{U}_L$ は $K \times L$ の長方行列で，式 (8.25) は，不規則信号 $\mathbf{f}$ の**最良近似信号**という．このような $\mathbf{f}$ から $\hat{\mathbf{f}}$ への変換を KL 変換という．また，次節で示すように，式 (8.23) の係数は信号パワーの大きい順になることから主成分分析（PCA）という．

なお，固有値を打ち切ることなく $L = K$ とすると，

$$\hat{\mathbf{f}} = \mathbf{U}_K \mathbf{c} = \mathbf{U}_K \mathbf{U}_K^T \mathbf{f} = \mathbf{f} \tag{8.26}$$

と表され，いうまでもなく元信号と一致する．

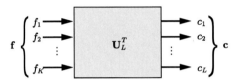

図 8.2　PCA 行列による信号変換（展開係数）

8.1.4　無相関性

ここで標本信号 $\mathbf{f}_k$，$k = 1, 2, \cdots, K$ を $\mathbf{U}$（$\mathbf{U}_K$）により変換して得られる展開係数 c_k，$k = 1, 2, \cdots, K$ の性質を検討する．式 (8.20) および式 (8.24) より係数の分散（信号パワー）は，

$$E[\mathbf{c}\mathbf{c}^T] = E[\mathbf{U}^T \mathbf{f}(\mathbf{U}^T \mathbf{f})^T] = E[\mathbf{U}^T \mathbf{f}\mathbf{f}^T \mathbf{U}]$$
$$= \mathbf{U}^T E[\mathbf{f}\mathbf{f}^T]\mathbf{U} = \mathbf{U}^T \mathbf{R}\mathbf{U} = \mathbf{D} \tag{8.27}$$

と表される．すなわち，展開係数については

$$E[c_i c_j] = 0, \quad i \neq j \tag{8.28}$$

となり，無相関の関係になることがわかる．この無相関性は，後に示すようにさまざまな信号処理で応用される．

また，式 (8.28) において，$i = j$ のときには，

$$E[c_i c_j] = \lambda_i \tag{8.29}$$

となり，これは $\mathbf{u}_i$ 成分の信号パワーが固有値となることを示している．

このため PCA より得られる基底は，分散（信号パワー）が大きい座標軸を順番に

探索していることにもなる．図 8.3 に，多数の高次元信号（図では 2 次元信号）を，分散が最大になる方向を基底とする低次元信号（1 次元信号）へ低次元化する操作の概念図を示す．高次元信号は α_i，低次元信号は c_i で表している．PCA による低次元化は，信号パワーの小さい成分を除去し，大きな成分（重要な成分）を残すことによりデータ圧縮を実現する（低次数の係数で信号を表す）．

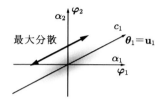

図 **8.3** 分散の大きな軸への低次元化（概念図）

8.1.5 時空間信号の無相関化

次に，図 8.4 に示すように入力が時間変動により定まるマルチチャネル型の時空間信号ベクトルの無相関化について検討する．時空間信号とは，異なる場所に設置された複数のセンサーで観測し，取得する時系列の信号である．マイクを並べたマイクロフォンアレイなどがその一例である．8.1.4 項での標本信号がセンサーからの時系列で観測した信号に対応し，展開係数は PCA 行列で変換後の信号に対応する．

観測信号ベクトルからなる行列（ベクトル確率変数）を

$$\mathbf{x}(t) = \begin{bmatrix} x_1(t) & \cdots & x_N(t) \end{bmatrix}^T, \quad t = 1, 2, \cdots, T \tag{8.30}$$

と表すと，PCA 行列 $\mathbf{U}$ により変換された信号ベクトル $\mathbf{s}(t)$ の分散共分散行列は，式 (8.27) と同様に，

$$E[\mathbf{s}(t)\mathbf{s}(t)^T] = E[\mathbf{U}^T\mathbf{x}(t)(\mathbf{U}^T\mathbf{x}(t))^T] = \mathbf{U}^T E[\mathbf{x}(t)\mathbf{x}(t)^T]\mathbf{U}$$
$$= \mathbf{U}^T\mathbf{R}\mathbf{U} = \mathbf{D} \tag{8.31}$$

のように $\mathbf{R}$ の固有値を要素とする対角行列になる．すなわち，

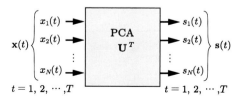

図 **8.4** 時空間信号の無相関化

$$E[s_i(t)s_j(t)] = \frac{1}{T}\sum_{t=1}^{T} s_i(t)s_j(t) = \begin{cases} \lambda_i, & i = j \\ 0, & i \neq j \end{cases} \tag{8.32}$$

となるので，各チャネル信号間では無相関となることがわかる．

また，図 8.5 に示すように，PCA 変換とその逆変換は分析と合成の関係に対応する．変換は

$$s_k(t) = \mathbf{u}_k^T \mathbf{x}(t) = \begin{bmatrix} u_{k1} & u_{k2} & \cdots & u_{kN} \end{bmatrix} \begin{bmatrix} x_1(t) \\ x_2(t) \\ \vdots \\ x_N(t) \end{bmatrix}, \quad k = 1, 2, \cdots, N \tag{8.33}$$

と表され，式 (8.33) を係数とすると，合成信号は

$$\mathbf{x}(t) = s_1(t)\mathbf{u}_1 + s_2(t)\mathbf{u}_2 + \cdots + s_N(t)\mathbf{u}_N = \mathbf{U}s(t) \tag{8.34}$$

のように，展開係数が無相関となる直交基底による展開表現として表せる．なお，元信号を

$$\mathbf{x}(t) = x_1(t)\mathbf{e}_1 + x_2(t)\mathbf{e}_2 + \cdots + x_N(t)\mathbf{e}_N = \mathbf{I}_N \mathbf{x}(t) \tag{8.35}$$

のように自然基底 $\mathbf{e}_i$ で展開した場合には，各 $x_i(t)$ は無相関でない．

式 (8.34) の各成分 $s_i(t)$ のパワー（分散）は，固有値に対応しているので，次式のパーセバルの等式が成立する．

$$\frac{1}{T}\sum_{t=1}^{T} \|\mathbf{x}(t)\|^2 = \frac{1}{T}\sum_{i=1}^{N}\sum_{t=1}^{T} s_i(t)^2 = \sum_{i=1}^{N} \lambda_i \tag{8.36}$$

$$\lambda_1 \geq \lambda_2 \geq \cdots \geq \lambda_N \tag{8.37}$$

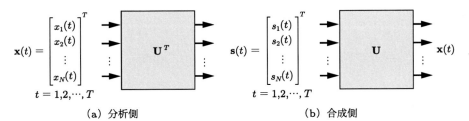

(a) 分析側   (b) 合成側

図 8.5 PCA 分析と合成システム

8.2 独立成分分析

本節では独立成分分析（ICA : Independent Component Analysis）について説明する．ICA は確率・統計的に独立な成分を抽出する信号処理の一手法である．

8.2.1 信号の線形混合

図 8.6 に示すように，独立な N 個の信号源 $s_i(t)$，$i = 1, 2, \cdots, N$，$t = 1, 2, \cdots, T$ があり，線形結合の形で信号が混合する状況を考えよう．信号源は非ガウス分布の確率密度関数とする．

なお，信号源の確率密度関数は

$$p(\mathbf{s}(t); t) = p_1(s_1; t)p_2(s_2; t) \cdots p_N(s_N; t) \tag{8.38}$$

のように積で表され（独立であるため），式 (8.39) のようにそれらの平均はゼロとする．

$$E[\mathbf{s}(t)] = 0 \tag{8.39}$$

N 個の信号源が混合され R 個の混合信号 $\mathbf{x}(t)$ が得られるとし，各成分を

$$x_i(t) = \sum_{j=1}^{N} a_{ij}s_j(t), \quad i = 1, 2, \cdots, R, \quad t = 1, 2, \cdots, T \tag{8.40}$$

と表す．ただし，混合信号（観測信号）の数は信号源の数より多く，$R \geq N$ とする．

式 (8.40) は行列を用いて表すと，

$$\mathbf{x}(t) = \mathbf{A}\mathbf{s}(t) \tag{8.41}$$

$$\mathbf{x}(t) = \begin{bmatrix} x_1(t) & \cdots & x_R(t) \end{bmatrix}^T \tag{8.42}$$

$$\mathbf{s}(t) = \begin{bmatrix} s_1(t) & \cdots & s_N(t) \end{bmatrix}^T \tag{8.43}$$

$$\mathbf{A} = \begin{bmatrix} \mathbf{a}_1 & \mathbf{a}_2 & \cdots & \mathbf{a}_N \end{bmatrix} \tag{8.44}$$

となり，$\mathbf{A}$ は $R \times N$ の長方行列であり混合行列といわれる．

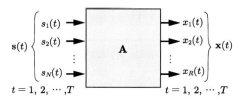

図 8.6 独立な信号源の混合信号

一般に，独立な信号が混合すると，得られる観測信号は独立ではなくなる．ICA では，R 個の観測信号から，N 個の独立な信号（信号成分）

$$\mathbf{y}(t) = \begin{bmatrix} y_1(t) \ y_2(t) \ \cdots \ y_N(t) \end{bmatrix}^T \tag{8.45}$$

を抽出することが目的となる．図 8.7 に ICA 行列（**分離行列**ともいう）$\mathbf{W}$ を用いた独立信号の分離抽出処理を示す．

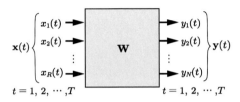

図 8.7　独立信号の分離抽出処理

　このような分離抽出問題では，式 (8.43) で表される元の独立信号も解である．（$\mathbf{y}(t) = \mathbf{s}(t)$），それ以外にも，もし混合行列 $\mathbf{A}$ が既知であれば**擬似逆行列** $\mathbf{A}^+$ を用いて，

$$\mathbf{s}(t) = \mathbf{A}^+ \mathbf{x}(t) = (\mathbf{A}^T \mathbf{A})^{-1} \mathbf{A}^T \mathbf{x}(t) \tag{8.46}$$

のように分離が行え，式 (8.46) の一般逆行列 $\mathbf{A}^+$ が $\mathbf{W}$ となる．
　また，$R = N$ で，$\mathbf{A}$ が正則であれば，

$$\mathbf{s}(t) = \mathbf{A}^{-1} \mathbf{x}(t) \tag{8.47}$$

と表されるので，$\mathbf{W} = \mathbf{A}^{-1}$ となる．

8.2.2　独立性と分離行列

　ところが，実際に混合信号が観測されたとき，ICA では信号源と混合行列がともに未知の状態であるので，混合信号から統計的な独立な信号（信号成分）を抽出する必要がある．
　分離信号が独立になればよいので，たとえば，元の信号源の成分が入れ替わっていたり，大きさが異なっていても解となる．すなわち，式 (8.46) の $\mathbf{A}^+$ の列ベクトル（行ベクトル）の順序が入れ替わっていたり，信号の大きさが変わっても問題はない．したがって，**置換行列**（permutation matrix）$\mathbf{P}$ や**対角行列**（diagonal matrix）$\mathbf{D}$ を用いて

$$\mathbf{W} = \mathbf{P} \mathbf{D} \mathbf{A}^+ \tag{8.48}$$

ただし，$\mathbf{P}$ は

$$\mathbf{P} = \begin{bmatrix} 1 & \cdots & \cdots & 0 \\ \vdots & \ddots & \cdots & 1 \\ 0 & 1 & \ddots & 0 \\ 0 & \cdots & 1 & 0 \end{bmatrix} \quad \begin{array}{l} (\text{各行のいずれかの列が値 1 をもち} \\ \text{それ以外は値 0 をもつ行列}) \end{array} \tag{8.49}$$

と，自由度をもつ形で表される．$\mathbf{D}$ は

$$\mathbf{D} = \begin{bmatrix} d_1 & 0 & \cdots & 0 \\ 0 & d_2 & \cdots & \vdots \\ \vdots & \cdots & \ddots & 0 \\ 0 & \cdots & 0 & d_n \end{bmatrix} \tag{8.50}$$

のように任意の $d_i (d_i \neq 0)$ でよいので自由度を含む解が存在することに注意をする．

分離行列 $\mathbf{W}$ を

$$\mathbf{W} = \begin{bmatrix} \mathbf{w}_1 & \mathbf{w}_2 & \cdots & \mathbf{w}_N \end{bmatrix}^T = \begin{bmatrix} \mathbf{w}_1^T \\ \mathbf{w}_2^T \\ \vdots \\ \mathbf{w}_N^T \end{bmatrix} \tag{8.51}$$

と表すと，混合行列 $\mathbf{A}$ との間には

$$\mathbf{WA} = \begin{bmatrix} \mathbf{w}_1^T \\ \mathbf{w}_2^T \\ \vdots \\ \mathbf{w}_N^T \end{bmatrix} \begin{bmatrix} \mathbf{a}_1 & \mathbf{a}_2 & \cdots & \mathbf{a}_N \end{bmatrix} = \begin{bmatrix} \mathbf{w}_1^T \mathbf{a}_1 & \mathbf{w}_1^T \mathbf{a}_2 & \cdots & \mathbf{w}_1^T \mathbf{a}_N \\ \mathbf{w}_2^T \mathbf{a}_1 & \mathbf{w}_2^T \mathbf{a}_2 & \ddots & \vdots \\ \vdots & & \ddots & \ddots & \vdots \\ \mathbf{w}_N^T \mathbf{a}_1 & \cdots & \cdots & \mathbf{w}_N^T \mathbf{a}_N \end{bmatrix} = \boldsymbol{I}_{N \times N} \tag{8.52}$$

が成立する．すなわち，

$$\mathbf{w}_i^T \mathbf{a}_j = \delta_{ij} \tag{8.53}$$

が成り立つ．このとき，式 (8.41) は，

$$\mathbf{x}(t) = \mathbf{AWx}(t) = \mathbf{A} \boldsymbol{I}_{N \times N} \mathbf{Wx}(t)$$

$$= \mathbf{A} \left\{ \begin{bmatrix} 1 & \cdots & 0 \\ \vdots & \ddots & \vdots \\ 0 & \cdots & 0 \end{bmatrix} + \cdots + \begin{bmatrix} 0 & \cdots & 0 \\ \vdots & \ddots & \vdots \\ 0 & \cdots & 1 \end{bmatrix} \right\} \mathbf{Wx}(t)$$

$$= \mathbf{A} \left\{ \begin{bmatrix} 1 \\ \vdots \\ 0 \end{bmatrix} \begin{bmatrix} 1 & \cdots & 0 \end{bmatrix} + \cdots + \begin{bmatrix} 0 \\ \vdots \\ 1 \end{bmatrix} \begin{bmatrix} 0 & \cdots & 1 \end{bmatrix} \right\} \mathbf{W}\mathbf{x}(t)$$

$$= \mathbf{A} \begin{bmatrix} 1 \\ \vdots \\ 0 \end{bmatrix} \begin{bmatrix} 1 & \cdots & 0 \end{bmatrix} \mathbf{W}\mathbf{x}(t) + \cdots + \mathbf{A} \begin{bmatrix} 0 \\ \vdots \\ 1 \end{bmatrix} \begin{bmatrix} 0 & \cdots & 1 \end{bmatrix} \mathbf{W}\mathbf{x}(t)$$

$$= \begin{bmatrix} \mathbf{a}_1 & \cdots & \mathbf{a}_N \end{bmatrix} \begin{bmatrix} 1 \\ \vdots \\ 0 \end{bmatrix} \begin{bmatrix} 1 & \cdots & 0 \end{bmatrix} \begin{bmatrix} \mathbf{w}_1^T \\ \vdots \\ \mathbf{w}_N^T \end{bmatrix} \mathbf{x}(t) + \cdots$$

$$+ \begin{bmatrix} \mathbf{a}_1 & \cdots & \mathbf{a}_N \end{bmatrix} \begin{bmatrix} 0 \\ \vdots \\ 1 \end{bmatrix} \begin{bmatrix} 0 & \cdots & 1 \end{bmatrix} \begin{bmatrix} \mathbf{w}_1^T \\ \vdots \\ \mathbf{w}_N^T \end{bmatrix} \mathbf{x}(t)$$

$$= \mathbf{a}_1 (\mathbf{w}_1^T \mathbf{x}(t)) + \cdots + \mathbf{a}_N (\mathbf{w}_N^T \mathbf{x}(t)) \tag{8.54}$$

と表される.

一方,

$$\mathbf{x}(t) = \mathbf{A}\mathbf{s}(t) = s_1(t)\mathbf{a}_1 + \cdots + s_N(t)\mathbf{a}_N \tag{8.55}$$

となるので,展開係数としての信号源は

$$s_k(t) = \mathbf{w}_k^T \mathbf{x}(t), \quad k = 1, 2, \cdots, N \tag{8.56}$$

のように表される.式 (8.53) のように,混合行列と分離行列は双直交基底の関係なので,

$$\mathbf{x}(t) = (\mathbf{a}_1^T \mathbf{x}(t))\mathbf{w}_1 + \cdots + (\mathbf{a}_N^T \mathbf{x}(t))\mathbf{w}_N$$
$$= \tilde{s}_1(t)\mathbf{w}_1 + \cdots + \tilde{s}_N(t)\mathbf{w}_N \tag{8.57}$$

のように ICA 基底を用いて表すことができる.式 (8.57) の展開係数に対応する信号は,

$$\tilde{s}_k(t) = \mathbf{a}_k^T \mathbf{x}(t), \quad k = 1, 2, \cdots, N \tag{8.58}$$

と表される.

双直交基底による展開表現なので,PCA の場合に成立したパーセバルの等式 (式 (8.36)) はこの場合は成立しない.

$$\frac{1}{T}\sum_{t=1}^{T}\|\boldsymbol{x}(t)\|^2 \neq \frac{1}{T}\sum_{i=1}^{N}\sum_{t=1}^{T}s_i(t)^2 \tag{8.59}$$

8.2.3 ICA の解法

ICA 行列 $\mathbf{W}$ の求め方について簡単に述べる．式 (8.41) により混合された信号 $\mathbf{x}(t)$ から，分離行列 $\mathbf{W}$ を用いて

$$\mathbf{y}(t) = \mathbf{W}\mathbf{x}(t) \tag{8.60}$$

のように分離抽出することを考えたい．以下の方法では，$\mathbf{W}$ は観測信号が得られるごとに初期行列から逐次更新され，収束解として得られる．

具体的な更新方法として，独立性を評価し

$$\mathbf{W}(t+1) = \mathbf{W}(t) + \Delta\mathbf{W}(t) \tag{8.61}$$

$$\Delta W_{ij} = -\eta\{y_i(t)\}^3 y_i(t) \tag{8.62}$$

にもとづき更新する方法がある．ここで η は W を更新するときの変化量 ΔW の大きさを定める定数である．また，式 (8.38) の確率密度関数をもとにして，

$$\Delta W = -\eta_t\{\mathbf{I} - \varphi(\mathbf{y}(t))\mathbf{y}(t)^T\}\mathbf{W}(t) \tag{8.63}$$

$$\varphi(\mathbf{y}(t)) = \begin{bmatrix} \varphi_1(y_1(t)) & \cdots & \varphi_N(y_N(t)) \end{bmatrix}^T \tag{8.64}$$

$$\varphi_i(y_i(t)) = -\frac{\dfrac{dp_i(y_i(t))}{dy_i(t)}}{p_i(y_i(t))}, \quad i = 1, 2, \cdots, N \tag{8.65}$$

とする方法が知られている．なお，式 (8.63) の η_t を時間 t に反比例するように設定すると，W の収束が良好になる．

この他にも，ICA による分離処理の前に，いったん相関性を除去する変換を行う方法が知られている．無相関であれば独立になるので，混合信号を白色化や PCA により無相関化し，その後何らかの評価基準を用いて独立成分に分離するというものである．

白色化とは，ある変換行列 $\mathbf{V}$ を用いて，$\mathbf{x}$ を $\mathbf{z}$ に変換し，

$$\mathbf{z}(t) = \mathbf{V}\mathbf{x}(t) \tag{8.66}$$

$$E[\mathbf{z}(t)\mathbf{z}(t)^T] = \mathbf{I} \tag{8.67}$$

を満たすようにすることである．$\mathbf{V}$ を求める方法は，以下のようなものである．

$$\mathbf{R} = E[\mathbf{x}(t)\mathbf{x}(t)^T] = \mathbf{U}\mathbf{D}\mathbf{U}^T \tag{8.68}$$

のように固有値により対角化したとき，

$$\mathbf{V} = \mathbf{D}^{-1/2}\mathbf{U}^T \tag{8.69}$$

とする．ここで，

$$\mathbf{D}^{-1/2} = \begin{bmatrix} \sqrt{\lambda_1^{-1}} & & \mathbf{O} \\ & \ddots & \\ \mathbf{O} & & \sqrt{\lambda_N^{-1}} \end{bmatrix} \tag{8.70}$$

とすると，

$$E[\mathbf{z}(t)\mathbf{z}(t)^T] = \mathbf{D}^{-1/2}\mathbf{U}^T\mathbf{U}\mathbf{D}\mathbf{U}^T\mathbf{U}\mathbf{D}^{-1/2} = \mathbf{I} \tag{8.71}$$

のように白色信号となる（すなわち，分散共分散行列が単位行列）．式 (8.69) は，固有値で正規化を施すと分布が均一になるため，球状化処理ともいう．

また，PCA 行列を ICA の前処理として用いる場合には，PCA 行列 $\mathbf{U}$ により変換を施した信号を

$$\mathbf{z}(t) = \mathbf{U}^T\mathbf{x}(t) \tag{8.72}$$

とする．$\mathbf{z}(t)$ は，式 (8.31) から，

$$E[\mathbf{z}(t)\mathbf{z}(t)^T] = \mathbf{D} \tag{8.73}$$

のように無相関化されている．次数が高い場合には，成分が少ない信号を削除し，低次元化を図ることも可能である．

式 (8.66) および式 (8.69) を用いた白色化に加えて，任意の直交行列 $\mathbf{R}$ や任意の対角行列 $\mathbf{D}_d$ による変換を施し，

$$\mathbf{z}(t) = \mathbf{D}_d\mathbf{R}\mathbf{V}\mathbf{x}(t) \tag{8.74}$$

$$\mathbf{R}^T\mathbf{R} = \mathbf{I} \tag{8.75}$$

$$\mathbf{D}_d = \begin{bmatrix} d_1 & & \mathbf{O} \\ & \ddots & \\ \mathbf{O} & & d_n \end{bmatrix} \tag{8.76}$$

とすると，

$$E[\mathbf{z}(t)\mathbf{z}(t)^T] = \mathbf{D}_d^2 \tag{8.77}$$

のように自由度をもつ形で無相関化される．式 (8.75) の直交行列 $\mathbf{R}$ や式 (8.76) の対

角行列 $\mathbf{D}_d$ は，混合信号の確率密度関数の分布が非ガウス分布となるよう，高次統計量の最大化などにより定められる．

なお，信号源の確率密度関数がガウス分布であれば，無相関化と独立成分の分離抽出処理は同じ変換になる．ICA では非ガウス分布の信号源を仮定しており，信号源がガウス分布の場合には $\mathbf{R}$ や $\mathbf{D}_d$ が一つに決まらず不定になる．

8.2.4　PCA と ICA

本項では PCA と ICA の違いについてまとめて示す．N 次元ベクトル信号を

$$\mathbf{f}(t) = s_1(t)\boldsymbol{\varphi}_1 + s_2(t)\boldsymbol{\varphi}_2 + \cdots + s_N(t)\boldsymbol{\varphi}_N, \quad t = 1, 2, \cdots, T \tag{8.78}$$

のように基底 $\boldsymbol{\varphi}_i$ を用いて表すとき，PCA では基底が自己分散共分散行列 $\mathbf{R}$ の固有ベクトル信号 $\mathbf{u}_i$ となり，

$$\tilde{\boldsymbol{\varphi}}_i^T \boldsymbol{\varphi}_j = \mathbf{u}_i^T \mathbf{u}_j = \delta_{ij} \tag{8.79}$$

が成り立つ．正規直交系は正規双直交系に比べると制約は強い．また，展開係数ベクトル信号に対応する $\mathbf{s}(t)$ は無相関となる．

一方，ICA では

$$\tilde{\boldsymbol{\varphi}}_i^T \boldsymbol{\varphi}_j = \mathbf{w}_i^T \mathbf{a}_j = \delta_{ij} \tag{8.80}$$

を満たす制約の弱い正規双直交基底を用いる．ただし，展開係数ベクトル信号には，無相関であることと，確率的に独立という条件がかかることに注意をする．PCA では 2 次統計量を，ICA では 3 次以上の統計量を用いる．

2 次元の場合を例として，両変換の様子を比較検討してみよう．二つの信号源は平均ゼロで一様分布に従うとし，次式の混合行列を仮定する．

$$\mathbf{s}(t) = \begin{bmatrix} s_1(t) \\ s_2(t) \end{bmatrix} = s_1(t)\mathbf{e}_1 + s_2(t)\mathbf{e}_2, \quad t = 1, 2, \cdots, T \tag{8.81}$$

観測信号は，

$$\mathbf{x}(t) = \mathbf{As}(t) = s_1(t)\mathbf{a}_1 + s_2(t)\mathbf{a}_2 \tag{8.82}$$

$$\mathbf{A} = \frac{1}{\sqrt{2}} \begin{bmatrix} 1 & -1 \\ 1 & 1 \end{bmatrix} = [\mathbf{a}_1\ \mathbf{a}_2] \tag{8.83}$$

と表される．

図 8.8 に各信号の係数分布の例を概念図で示す．図 8.8(a) において，二つの信号の

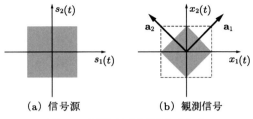

(a) 信号源   (b) 観測信号

図 **8.8** 信号源と観測信号（例 1）

係数（確率変数）は平均がゼロで一様に分布し，独立かつ無相関とする．各信号値は互いに統計的に影響を与えない．一方，図 8.8(b) のような混合信号では相関はゼロ（無相関）であるが，一方の信号値からもう他方の信号値に関係性が存在するため，確率的に独立ではない（たとえば，図 8.8(b) より $x_1(t)$ が大きければ，$x_2(t)$ は小さい傾向がみられる）．

$s_1(t)$ と $s_2(t)$ が単純に加算された混合信号や式 (8.82) の混合信号に対して PCA を行うと，図 8.9(a) や図 8.9(b) のように分散が最大となる 2 方向の軸 $\mathbf{u}_1$ および $\mathbf{u}_2$ の信号成分が抽出され，分離はなされない．一方，ICA を施すと

$$\mathbf{W} = \frac{1}{\sqrt{2}} \begin{bmatrix} 1 & 1 \\ -1 & 1 \end{bmatrix} = \begin{bmatrix} \mathbf{w}_1 & \mathbf{w}_2 \end{bmatrix} \tag{8.84}$$

$$\mathbf{y}(t) = \mathbf{W}\mathbf{x}(t) = \mathbf{W}\mathbf{A}\mathbf{s}(t) = s_1(t)\mathbf{e}_1 + s_2(t)\mathbf{e}_2 \tag{8.85}$$

となるので，図 8.9(c) のように（無相関で）独立な軸 $\mathbf{w}_1$ および $\mathbf{w}_2$ を抽出し，元の信

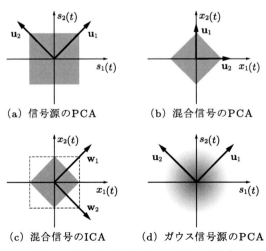

(a) 信号源のPCA   (b) 混合信号のPCA

(c) 混合信号のICA   (d) ガウス信号源のPCA

図 **8.9** 混合信号の PCA と ICA（例 1）

号に分離が行われる．この例では ICA も PCA と同様，直交系で分離抽出している．

なお，信号源が図 8.9(d) に示すように分散の最大軸が定まらないガウス信号の場合には，PCA も ICA も不定になる．

次に，二つの信号源は一様分布であるが同時には信号を発しない場合を考える．混合行列は式 (8.86) を仮定する．

$$\mathbf{A} = \frac{1}{3}\begin{bmatrix} 2 & 1 \\ 1 & 2 \end{bmatrix} = \begin{bmatrix} \mathbf{a}_1 & \mathbf{a}_2 \end{bmatrix} \tag{8.86}$$

観測信号は，

$$\mathbf{x}(t) = \mathbf{A}\mathbf{s}(t) = s_1(t)\mathbf{a}_1 + s_2(t)\mathbf{a}_2 \tag{8.87}$$

と表される．図 8.10 に各信号の係数分布を例示する．

図 8.10(a) のように各信号源は一様に分布するが，一方の信号源が値を有するとき他方の信号源はほぼゼロになる．したがって両信号源は独立であり，無相関になる．混合信号を図 8.10(b) に示す．$x_1(t)$ と $x_2(t)$ とには正の相関がみられることがわかる．混合信号に PCA を施すと，図 8.11(a) のように分散が最大になる基底 $\mathbf{u}_1$ と次に大きな直交基底 $\mathbf{u}_2$ が得られる．一方，ICA を行うと，独立な成分にかかわる基底 $\mathbf{w}_1$ および $\mathbf{w}_2$ を分離抽出することができる．この場合，ICA による軸は直交関係にないことに注意する．$\mathbf{W}$ を用いると分離信号は次式のように表される．

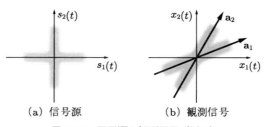

（a）信号源 　　　　（b）観測信号

図 **8.10** 信号源と観測信号（例 2）

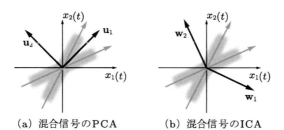

（a）混合信号のPCA 　　　　（b）混合信号のICA

図 **8.11** 混合信号の PCA と ICA（例 2）

$$\mathbf{W} = \begin{bmatrix} 2 & -1 \\ -1 & 2 \end{bmatrix} = \begin{bmatrix} \mathbf{w}_1 & \mathbf{w}_2 \end{bmatrix} \tag{8.88}$$

$$\mathbf{y}(t) = \mathbf{W}\mathbf{x}(t) = \mathbf{W}\mathbf{A}\mathbf{s}(t) = s_1(t)\mathbf{e}_1 + s_2(t)\mathbf{e}_2 \tag{8.89}$$

以上のように PCA はパワーが最大となる信号成分を分離抽出することができるため，近似やデータ圧縮の用途に適する．一方，ICA は独立な信号（非ガウス性の雑音等）を分離する用途に適する．なお，ガウス分布の信号に対しては，いずれも有効ではない．

ここまでの信号の混合問題では，式 (8.40) の線形結合により表現される場合について説明してきた．すなわち，観測信号の各成分については

$$x_i(t) = \sum_{j=1}^{N} a_{ij}s_j(t), \quad i = 1, 2, \cdots, R, \quad t = 1, 2, \cdots, T \tag{8.90}$$

と表され，空間軸上での混合であることを想定してきた．それ以外にも，

$$x_i(t) = \sum_{k=0}^{K} b_{ik}s(t - k), \quad i = 1, 2, \cdots, R, \quad t = 1, 2, \cdots, T \tag{8.91}$$

のように遅延した元信号が重なり合うような時間軸方向での混合も起こる．式 (8.91) は，畳み込み和の関係である．式 (8.91) から信号源を分離抽出する処理は，信号源が既知の場合にはデコンボリューション，未知の場合にはブラインドデコンボリューションという．

さらには，式 (8.90) および式 (8.91) が同時に起こるような，次式で表される時空間軸上での線形混合もある．

$$x_i(t) = \sum_{j=1}^{N}\sum_{k=0}^{K} c_{ijk}s_j(t - k), \quad i = 1, 2, \cdots, R, \quad t = 1, 2, \cdots, T \tag{8.92}$$

このような混合信号の分離問題には触れないが，信号源が既知の場合，未知の場合の両方について，さまざまな方法が研究されている．

第**9**章

信号の検出と推定

本章では，判別分析やクラスター分析などの不規則信号の判別・分類法について説明する．さらに，雑音下での信号の検出，ウィナーフィルタによる雑音除去，統計的最小 2 乗法による係数パラメータの推定法などについて説明する．

9.1 信号の分類

　本節では，信号の分類やパターンの認識のための変換について説明する．とくに，展開係数ベクトルを用いた信号分類（識別）は，図 9.1 に示すパターン認識の手順の中の一行程として使用される．信号の分類の手法には，事前に教師信号（正しい判別結果）が標本信号として与えられて学習する場合と，何も与えられていない状態で行う場合に分けられる．それぞれの代表的な方法として，線形判別分析とクラスター分析を紹介する．

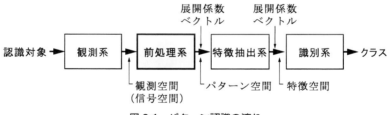

図 **9.1** パターン認識の流れ

9.1.1 特徴ベクトルの低次元化

　信号や画像の特徴量を用いたパターン認識では，しばしば展開係数ベクトルを**特徴ベクトル**とする．その際，いかなる基底やフレームを選択するかは認識精度を左右する重要な要因である．信号を区別できる特徴を表し，なおかつさまざまな外的要因に対して頑強性，不変性を有し，さらに効率的（低次元化）で高い識別性（少ない誤識

別）を有するものが求められる.

N 次元特徴ベクトル（あるいは信号ベクトル）が得られているとし，それを

$$\mathbf{x} = \begin{bmatrix} x_1 & x_2 & \cdots & x_N \end{bmatrix}^T \tag{9.1}$$

と表す.判別分析を効率的に行うために低次元化が行われる.これは,前章で説明した PCA を行い,上位の M 個（$M < N$）の要素をとることで実現できる.

たとえば,ある二つのクラスの特徴ベクトルが図 9.2 のように 2 次元平面に分布しているとする.図 9.2(a) の一軸（1 次元）へ信号を射影すると,両信号のクラス間の重なりは多く,展開係数ベクトルの比較による分類は困難である.しかし,図 9.2(b) のように PCA により分散が最大となる一軸を得ると,射影成分のみで両信号クラスを区別することが容易になるだろう.このように,PCA による次元削減には,線形変換を伴うため,新たな特徴量を抽出することにも応用できる.

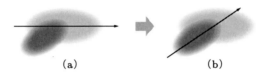

図 9.2　ある二つのクラスの特徴ベクトルの分布（概念図）

次に,特徴ベクトル $\mathbf{x}$ から M 個（$M < N$）を選択するような低次元化処理について説明する.変換後を $\mathbf{y}$ とする.この場合,0 と 1 から構成される $M \times N$ サイズの行列 $\mathbf{A}$（各行ベクトルにおいて成分 1 が一つあり,他は 0 であるような行列）を用いて,

$$\mathbf{y} = \mathbf{A}\mathbf{x} \tag{9.2}$$

$$\begin{bmatrix} y_1 \\ \vdots \\ y_M \end{bmatrix} = \begin{bmatrix} 0 & 1 & 0 & \cdots & 0 \\ \vdots & \cdots & \cdots & \cdots & \vdots \\ 0 & \cdots & \cdots & 1 & \cdots \end{bmatrix} \begin{bmatrix} x_1 \\ x_2 \\ \vdots \\ x_N \end{bmatrix} \tag{9.3}$$

のような変換をすべての特徴ベクトルに対して施すと,$N - M$ の次元削減がなされる.

どの特徴ベクトル成分を選択するか（どの要素を 1 にするか）については,誤識別率をなるべく下げるという基準で選択する.また,成分の選定を逐次的に行うこともできる.高次元から低次元へと特徴量を削減しながら評価する方法,反対に低次元から高次元へ増やしながら評価する方法や,すべての場合を調べ上げていく方法などが知られている.

9.1.2 判別分析

本項では，**線形判別分析（LDA）**について説明する．LDA は特徴ベクトルを指定したクラスに分類しやすい形に変換する手法である．最終的な判別のための前処理といえる．図 9.3 は，特徴ベクトルを三つのクラス C_1, C_2, C_3 に分類する判別分析の例である．

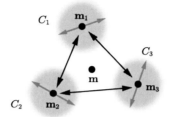

図 9.3　3 クラス分類の判別分析

LDA では，すべての K 次元特徴ベクトル $\mathbf{x}$ を

$$\mathbf{y} = \mathbf{A}\mathbf{x} \tag{9.4}$$

により変換して，識別に適した M 次元特徴ベクトル $\mathbf{y}$ を算出する．変換行列 $\mathbf{A}$ は LDA 行列といわれ，基底ベクトル $\mathbf{a}_i$ から構成される展開表現である．LDA 行列は，各クラスに属するベクトルの分散は小さく，クラス間の分散はできるだけ広がることを評価基準として求める．LDA を施すと，施す前と比べて各クラス間の境界が明確になり，分類精度の向上に寄与する．

より具体的に説明する．いま，c 個の分類クラスを $C_i, i = 1, 2, \cdots, c$ と表す．各クラス内のすべての標本信号を $\mathbf{x}_n \in C_i, i = 1, 2, \cdots, c$ と表し，各標本信号の数を N_i と表す．LDA では，標本信号（学習用教師信号）に対しては所属クラスが既知とする．

クラス C_i の分散共分散行列は

$$\mathbf{S}_{C_i} = \frac{1}{N_i} \sum_{\substack{n=1 \\ \mathbf{x}_n \in C_i}}^{N_i} (\mathbf{x}_n - \mathbf{m}_i)(\mathbf{x}_n - \mathbf{m}_i)^T \tag{9.5}$$

と表される．なお，各クラスの平均（中心）を $\mathbf{m}_i, i = 1, 2, \cdots, c$ と表す．式 (9.5) はクラス内分散の分散共分散行列である．

式 (9.5) より，すべてのクラスを合わせた分散共分散行列は

$$\mathbf{S}_w = \frac{1}{N} \sum_{i=1}^{c} \sum_{\substack{n=1 \\ \mathbf{x}_n \in C_i}}^{N_i} (\mathbf{x}_n - \mathbf{m}_i)(\mathbf{x}_n - \mathbf{m}_i)^T \tag{9.6}$$

と表される.

さらに, クラス間の分散共分散行列は, 各クラスの中心ベクトルの分布に対して

$$\mathbf{S}_b = \frac{1}{c} \sum_{i=1}^{c} (\mathbf{m}_i - \mathbf{m})(\mathbf{m}_i - \mathbf{m})^T \tag{9.7}$$

と表される. なお, $\mathbf{m}$ は, すべてのクラスの中心の平均(中心)である.

式 (9.5), (9.6) および (9.7) から, 中心も含めた全標本信号の分散共分散行列は

$$\mathbf{S} = \mathbf{S}_w + \mathbf{S}_b \tag{9.8}$$

と表される.

LDA では, 次式の評価関数 J を最大にする $\mathbf{A}$ を求める.

$$J(\mathbf{a}_i) = \frac{\mathbf{a}_i^T \mathbf{S}_b \mathbf{a}_i}{\mathbf{a}_i^T \mathbf{S}_w \mathbf{a}_i} \tag{9.9}$$

式 (9.9) の $J(\mathbf{a}_i)$ を最大化することは, 分子に対応するクラス間分散を大きく, 同時に分母に対応するクラス内分散を小さくすることに相当する.

式 (9.9) の最大化問題を解くためにラグランジェの未定乗数法を適用すると

$$g(\mathbf{a}_i) = \mathbf{a}_i^T \mathbf{S}_b \mathbf{a}_i - \lambda_i (\mathbf{a}_i^T \mathbf{S}_w \mathbf{a}_i - 1) \tag{9.10}$$

を最大化する問題になる. $\mathbf{a}_i$ に関して微分してゼロにすると

$$\mathbf{S}_b \mathbf{a}_i = \lambda_i \mathbf{S}_w \mathbf{a}_i \tag{9.11}$$

となり

$$\mathbf{S}_w^{-1} \mathbf{S}_b \mathbf{a}_i = \lambda_i \mathbf{a}_i \tag{9.12}$$

を得る.

すなわち,

$$\mathbf{X} = \mathbf{S}_w^{-1} \mathbf{S}_b \tag{9.13}$$

の固有値および固有ベクトルを求める問題に帰着される. すなわち, 式 (9.13) の固有値問題を解くことにより得られる, 固有値の大きさで並べた正規化固有ベクトル $\mathbf{e}_i$ を選択すればよい. それにより, 次式で表される LDA 行列が得られる ($c-1 \leq M \leq K$).

$$\mathbf{E} = \begin{bmatrix} \mathbf{e}_1 & \mathbf{e}_2 & \cdots & \mathbf{e}_M \end{bmatrix} \tag{9.14}$$

$$\lambda_1 \geq \lambda_2 \geq \cdots \geq \lambda_M \tag{9.15}$$

$K \times M$ サイズの LDA 変換行列 $\mathbf{E}$ は，PCA 行列とは異なり $\mathbf{X}$ が非対称行列なので，直交行列にはならないことに注意する．なお，展開表現は双直交系になる．$\mathbf{A} = \mathbf{E}^T$ として式 (9.4) に適用することで，判別に適する低次元ベクトルを得る．固有ベクトルを選択して変換行列を構成する場合には，$c - 1$ 次元（クラス数 -1）より次元を小さくすることはできない．未知の特徴ベクトルを判別するために最近傍法等を用いて各クラスに分類する．

次に，図 9.4 をもとにマハラノビス距離を評価尺度に用いる方法について説明する．未知の特徴ベクトル（学習には用いていない）を $\mathbf{x}$ とし，図 9.4 のように与えられたとき，どのクラスに属する（近い）かを判定するために，次式の関数

$$\min_i d(\mathbf{x}, \mathbf{m}_i) = (\mathbf{x} - \mathbf{m}_i) \mathbf{S}_{C_i}^{-1} (\mathbf{x} - \mathbf{m}_i)^T \tag{9.16}$$

を用いてすべてのクラスに対する d を計算し，値が最も小さくなるクラスに $\mathbf{x}$ を分類する．

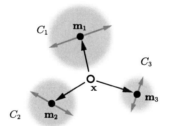

図 9.4　未知特徴ベクトルの分類

式 (9.16) で用いられた未知信号とクラス中心との距離関数は，**マハラノビス距離**といわれる．各クラスの分散 S_{C_i} が考慮されていることが特徴である．もし，すべてのクラスの分散共分散行列が等しく，等方的な場合には，マハラノビス距離はユークリッド距離

$$\min_i d(\mathbf{x}, \mathbf{m}_i) = \|\mathbf{x} - \mathbf{m}_i\|^2 \tag{9.17}$$

による評価と同じになる．マハラノビス距離はクラス内の標本信号の分布を考慮に入れているので，ユークリッド距離の値が小さくても，分散が小さい場合にはマハラノビス距離では大きくなることがある．そのため，LDA やマハラノビス距離法では学習

用の標本信号が分類の良否に大きくかかわる.

9.1.3 クラスター分析

　LDAでは，特徴ベクトルを変換する行列を求めるために標本信号を教師信号として用いていた．ここでは，必ずしも教師信号を用いないで分類する方法について説明する．また，ここでは分類のクラスのことを**クラスター**（塊）とよぶ．クラスター化することによる分類を**クラスター分析**（あるいはクラスタリング）というが，事前にクラスターの数が既知の場合と未知の場合がある．なお，クラスター分析では低次元化はなされない.

（1）　階層的クラスタリング

　階層的クラスタリングについて，図9.5をもとに説明する．階層的クラスタリングでは，クラスター数は未知であっても適用できる．この方法ではまず，各特徴ベクトルを一つのクラスターとみなし，クラスター間の距離（**類似度**）をもとに併合する．最後にクラスタリング結果を評価することになる.

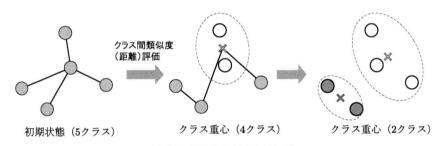

初期状態（5クラス）　　　クラス重心（4クラス）　　　クラス重心（2クラス）

図9.5　階層的クラスタリング

　図9.5のように，初期状態として，各特徴ベクトルがクラスターを形成しているとする．そこで，着目している特徴ベクトル以外のすべてのクラスター間（はじめはすべての特徴ベクトル信号間）で距離（類似度）を計算し，比較する．この場合の距離関数として，たとえばユークリッド距離を用いる．比較の結果，ある一定距離以内にあるクラスターをまとめて新しいクラスターとする．さらに，その代表点（中心あるいは重心）を計算する．次に，再度すべてのクラスター代表点間の距離を計算する．ある一定の距離以内のクラスター同士を併合して，さらに大きなクラスターを生成する．これを順次繰り返していき，最後に全体が一つのクラスターになる時点で終了する.

　階層的クラスタリングの結果は，図9.6に示すような**樹形図**（デンドログラム）で表される．全体をいくつのクラスに分類するかにより，樹形図を点線で示すように閾

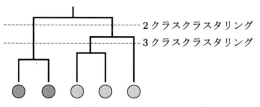

図 **9.6** 階層的クラスタリングによる樹形図

値を定めると，分類が完成することになる．

（2） c-means 法

次に，分割にもとづくクラスタリングである c-means 法について説明する．この方法では，分類するクラスター数は既知（K 個とする）とし，クラスタークラス内距離（分散）の総和を表す評価関数

$$\min J = \sum_{i=1}^{K} \sum_{x \in C_i} \|x - c_i\|^2 \tag{9.18}$$

$$x \in C_i, \quad i = 1, 2, \cdots, K \tag{9.19}$$

を最小とする K 個の代表点（中心）c_i をみつけ出すことが目標である．

具体的な手順を以下に示す．

Step 1 　K 個のクラスタークラス C_i, $i = 1, 2, \ldots, K$ の代表点（中心）c_i, $i = 1, 2, \ldots, K$ を任意に設定する．

Step 2 　各特徴ベクトル信号 x について，c_i, $i = 1, 2, \ldots, K$ との距離を計算し，最も近いクラスにその信号を含める．

Step 3 　Step 2 において各特徴ベクトル信号 x の所属クラスが変わらなければ終了する．もし変化があった場合には，そのクラスの代表点（中心）を平均

$$c_i = \frac{1}{N_i} \sum_{x \in C_i} x, \quad i = 1, 2, \cdots, K \tag{9.20}$$

により計算し直し（設定し），Step 2 に戻る．

図 9.7 に c-means 法によるクラスタリングの概念図を示す（$K = 2$）．なお，c-means 法によるクラスタリングの結果は，初期値（最初のクラスター中心の選定）に依存する．そのため，初期値であるクラスター代表点の選定は重要になることに注意する．

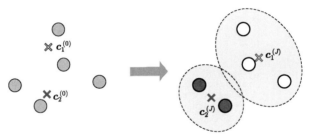

図 9.7 c-means 法によるクラスタリング

（3） ファジィ c-means 法

　最後にファジィ c-means 法によるクラスタリングについて説明する．まず，図 9.8 に示すように，新たに未知特徴ベクトルが入力されたときのクラスタリングを検討しよう．

　図 9.8 の 2 クラスタークラスの分類において，未知特徴ベクトル x を分類しようとしたとき，c-means 法による場合には，x をいわゆるクリスプ集合としてのクラスタークラス C_1 または C_2 に含ませることになる．x がちょうど境界あたりに位置している場合，たとえば C_2 に所属すると判定をするとクラスター C_2 の代表点 c_2 は大きく変動するため影響が大きい．ファジィ c-means では，このようにほぼ真中にあると判断できるとき（どちらのクラスターに所属するかがあいまいなとき），どちらのクラスタークラスにも適当に含まれるとする．すなわち，特徴ベクトル x のクラスタークラス C_i への帰属度を表す変数，$0 \le g_{ni} \le 1$ を導入し，これをクラスタリングに用いる．図 9.8 の例では 1/2 としている．

　以上より，c-means 法によるクラスタリングにおける評価関数として式 (9.21) および式 (9.22) を用いると，ファジィ c-means 法によるクラスタリングとなる．

$$\min J = \sum_{i=1}^{K} \sum_{n=1}^{N} (g_{ni})^m \|x_n - c_i\|^2 \tag{9.21}$$

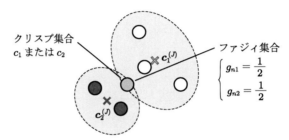

図 9.8 ファジィ c-means 法によるクラスタリング

$$\sum_{i=1}^{K} g_{ni} = 1 \tag{9.22}$$

ただし，g_{ni} は特徴ベクトル信号 x_n のクラス C_i への帰属度（重み）であり，$m(>1)$ は適当な変数である．m の値を大きく選ぶと帰属度への優先度がより強くされる．

なお，$g_{ni}^{(j)}$ および m を

$$g_{ni} = \begin{cases} 1, & x_n \in C_i \\ 0, & x_n \notin C_i \end{cases}, \quad m = 1 \tag{9.23}$$

のように選ぶと，クリスプ集合によるクラスタリングとなる．

上述のファジィ c-means 法を実現する手順は以下のようになる．まず，N 個の特徴ベクトル信号とし，K 個のクラスタークラス $C_i,\ i = 1, 2, \cdots, K$ を仮定するとき，評価関数

$$\min J^{(j)} = \sum_{i=1}^{K} \sum_{n=1}^{N} (g_{ni}^{(j)})^m \|x_n - c_i^{(j)}\|^2 \tag{9.24}$$

$$\sum_{i=1}^{K} g_{ni}^{(j)} = 1 \tag{9.25}$$

を評価に用いてクラスターの中心 c_i および信号の帰属度 $g_{ni},\ i = 1, 2, \cdots, K$ を求める．その上で，以下の手順を実行する（Step 1〜3 を両解が収束するまで反復する）．

Step 1　K 個のクラスタークラスの代表点（中心）$c_i^{(0)},\ i = 1, 2, \cdots, K$ を任意に設定する（c-means 法なので初期値に依存する局所解となる）．

Step 2　$c_i^{(j)}$ を固定したとき，J を最小にする $g_{ni}^{(j)}$ を次式により求める．

$$g_{ni}^{(j)} = \frac{1}{\sum_{l=1}^{K} \left(\frac{\|x_n - c_i^{(j)}\|^2}{\|x_n - c_l^{(j)}\|^2} \right)^{2/(m-1)}} \tag{9.26}$$

Step 3　$g_{ni}^{(j)}$ を固定したとき，J を最小にする $c_i^{(j+1)}$ を次式により求める．

$$c_i^{(j+1)} = \frac{\sum_{n=1}^{N} (g_{ni}^{(j)})^m x_n}{\sum_{n=1}^{N} (g_{ni}^{(j)})^m} \tag{9.27}$$

9.2 信号検出

　本節では，信号と雑音の関係について考察する．雑音の統計的性質を利用する不規則信号処理を示す．雑音の環境下で既知の信号が存在するか否かを検出し，その信号がどのクラスに分類されるかを知る方法について説明する．とくに，代表的な方法である相関検出とフィルタ処理による方法について述べる．さらに，受信信号の到達時刻，振幅値，到達方向を特定するためのパラメータ推定についても述べる．

9.2.1　相関検出器

　信号 $s(t)$（たとえば正弦波やパルス波形などを仮定）を用いてディジタル符号（1 または 0）を送信し，伝送途中で雑音が付加され，受信する場合を検討する．受信信号（観測信号）は，

$$x(t) = A \cdot s(t) + n(t), \quad t = 1, 2, \cdots, N \tag{9.28}$$

と表されるとする．式 (9.28) の振幅はディジタルデータの符号に応じて，

$$A = \begin{cases} +\alpha, & 符号 = 1 のとき \\ 0, & 雑音のみのとき \\ -\alpha, & 符号 = 0 のとき \end{cases} \tag{9.29}$$

とし，雑音 $n(t)$ は平均が $E[n(t)] = 0$ であり，雑音パワー（分散）は

$$E[n(t)^2] = \sigma^2 \tag{9.30}$$

とする．

　受信側では送信信号波形 $s(t)$ の形状は既知であるとし，図 9.9 の処理を行う．

　図 9.9 において，受信信号 $x(t)$ と送信信号 $s(t)$ の相関出力 c_N は

$$c_N = \sum_{t=1}^{N} s(t)x(t) = A \sum_{t=1}^{N} s(t)^2 + \sum_{t=1}^{N} s(t)n(t) = A \cdot P_s + \varepsilon \tag{9.31}$$

と表される．ただし，式 (9.31) において P_s は送信信号 $s(t)$ のパワーを表し，第 2 項

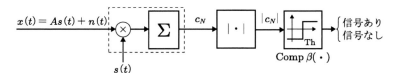

図 9.9　相関信号検出器

の ε は信号 $s(t)$ と雑音 $n(t)$ との相関を表し，十分小さい値となる．A の値は式 (9.29) のようにディジタル信号の符号によるので，相関出力の絶対値（大きさ）に応じて，

$$
\beta(|c_N|) = \begin{cases} \text{信号あり，} & |c_N| > Th > \varepsilon \text{のとき} \\ \text{信号なし，} & |c_N| < Th \text{のとき} \end{cases} \tag{9.32}
$$

で表される信号検出器が構成できる．式 (9.32) にもとづき，順次入力される $x(t)$ から，雑音存在下で各時刻での信号の有無が特定できる．送信信号が存在するときには，$|c_N|$ は大きな値となるのでしきい値 Th を設け，信号の有無を判定する．図 9.9 にしきい値判定（comp）と検出結果出力の処理を示す．

さらに，信号検出時に図 9.10 に示すように相関出力を判定すると，送信信号をディジタル信号の符号に応じて分類することができる．すなわち，信号を検出した後，c_N の正負により以下のように判定される．

$$
\gamma(c_N) = \begin{cases} \text{符号} = 1, & c_N > 0 \text{のとき} \\ \text{符号} = 0, & c_N < 0 \text{のとき} \end{cases} \tag{9.33}
$$

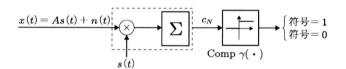

図 9.10　相関検出器を用いた信号の分類

9.2.2　整合フィルタ

本項では，整合フィルタ（matched filter）による信号の分類法について示す．整合フィルタは，観測信号の S/N を最大にする処理を行うフィルタである．通信分野でよく用いられ，送信波形を用いて作成したフィルタをインパルス応答として与えられる．整合フィルタについても相関検出器と同様，送信信号波形は既知とする．図 9.11 に整合フィルタによる処理の流れを示す．

送信波形を時間的に反転した

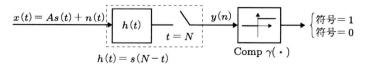

図 9.11　整合フィルタによる信号の分類

$$h(t) = s(N - t) \tag{9.34}$$

をインパルス応答とし，受信信号をフィルタリングすると，出力信号は

$$y(t) = h(t) * x(t) = \sum_{k=1}^{N} h(t-k)As(k) + \sum_{k=1}^{N} h(t-k)n(k)$$

$$= A \sum_{k=1}^{N} s(N-t+k)s(k) + \varepsilon(t) \tag{9.35}$$

のように表される．式 (9.35) において，雑音成分は十分小さいとすると，$t = N$ のときの値（$t = N$ でサンプリングしたときの値）は，

$$y(N) \approx A \sum_{k=1}^{N} s(k)s(k) = A \cdot P_s \tag{9.36}$$

と表される．したがって，式 (9.36) より式 (9.33) と同様に $y(N)$ の符号を判定することで送信信号の符号が 1 か 0 かを判定できる．

　次に，雑音が白色でない場合の整合フィルタについて説明する．この場合は，図 9.12 に示すように，不規則雑音が付加した信号に対して S/N を最大とするフィルタのインパルス応答を求め，さらに雑音分散を考慮して算出することになる．

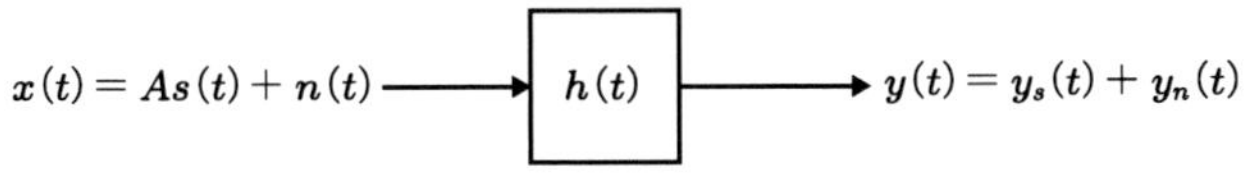

$$x(t) = As(t) + n(t) \longrightarrow \boxed{h(t)} \longrightarrow y(t) = y_s(t) + y_n(t)$$

図 **9.12**　整合フィルタ

　図 9.12 において，フィルタの出力信号は

$$y(t) = h(t) * x(t) = y_s(t) + y_n(t)$$

$$= \sum_{k=1}^{N} h(t-k)As(k) + \sum_{k=1}^{N} h(t-k)n(k), \quad t = 1, 2, \cdots, N \tag{9.37}$$

と表され，ベクトルと行列で式 (9.37) を表すと

$$\mathbf{y} = \mathbf{h}^T \mathbf{x} = \mathbf{y_s} + \mathbf{y_n} = \mathbf{h}^T \mathbf{s} + \mathbf{h}^T \mathbf{n} \tag{9.38}$$

となる．ただし，

$$\mathbf{x} = \begin{bmatrix} x(1) & x(2) & \cdots & x(N) \end{bmatrix}^T \tag{9.39}$$

$$\mathbf{h}^T = \begin{bmatrix} h(t-1) & h(t-2) & \cdots & h(t-N) \end{bmatrix} \tag{9.40}$$

である．また，S/N 比を表す評価関数として

$$J(\mathbf{h}) = \frac{y_s(t)^2}{E[y_n(t)^2]} \tag{9.41}$$

を定義し，式 (9.41) を最大にする $\mathbf{h}$ を求める．式 (9.40) を用いて式 (9.41) を変形すると，

$$J(\mathbf{h}) = \frac{(\mathbf{h}^T\mathbf{s})^2}{E[(\mathbf{h}^T\mathbf{n})^2]} = \frac{(\mathbf{h}^T\mathbf{s})^2}{E[(\mathbf{h}^T\mathbf{n})(\mathbf{h}^T\mathbf{n})^T]} = \frac{\mathbf{h}^T\mathbf{s}\mathbf{s}^T\mathbf{h}}{\mathbf{h}^T\mathbf{R}_{nn}\mathbf{h}} \tag{9.42}$$

となる．式 (9.42) の分母はインパルス応答と雑音に関係するが，

$$\mathbf{h}^T\mathbf{R}_{nn}\mathbf{h} = 1 \tag{9.43}$$

のような制約条件を与え，式 (9.42) の分子 $\mathbf{h}^T\mathbf{s}\mathbf{s}^T\mathbf{h}$ を最大化するためにラグランジェ関数

$$L = \mathbf{h}^T\mathbf{s}\mathbf{s}^T\mathbf{h} - \lambda(\mathbf{h}^T\mathbf{R}_{nn}\mathbf{h} - 1) \tag{9.44}$$

を定義する．式 (9.44) を $\mathbf{h}$ で微分してゼロとおくと，

$$\nabla_h L = \mathbf{s}\mathbf{s}^T\mathbf{h} - \lambda\mathbf{R}_{nn}\mathbf{h} = 0 \tag{9.45}$$

$$\mathbf{R}_{nn}^{-1}\mathbf{s}\mathbf{s}^T\mathbf{h} = \lambda\mathbf{h} \tag{9.46}$$

を得る．すなわち

$$\mathbf{X} = \mathbf{R}_{nn}^{-1}\mathbf{s}\mathbf{s}^T \tag{9.47}$$

の最大固有値 λ_o と固有ベクトル $\mathbf{h}_o$ を求めることになる．$\mathbf{s}\mathbf{s}^T$ は線形独立なベクトルは一つなので従属で，$\lambda = 0 (\neq \lambda_o)$ となり，したがって最適なインパルス応答の解として

$$\mathbf{h}_o = \mathbf{R}_{nn}^{-1}\mathbf{s} \tag{9.48}$$

を得る．このとき，S/N 比は

$$\lambda_o - J(\mathbf{h}_o) - \mathbf{s}^T\mathbf{h}_o - \mathbf{s}^T\mathbf{R}_{nn}^{-1}\mathbf{s} \tag{9.49}$$

のように表される．

なお，雑音が白色のときには

$$\mathbf{R}_{nn} = \sigma^2\mathbf{I} \tag{9.50}$$

となるので，$\mathbf{h}_o$ は

$$\mathbf{h}_o = \mathbf{R}_{nn}^{-1}\mathbf{s} = \frac{1}{\sigma^2}\mathbf{s} \tag{9.51}$$

のように入力信号により表されることがわかる（式 (9.34) 参照）．

9.2.3　テンプレートマッチング

　次に，テンプレートマッチング（template matching）の応用例として，アナログ信号を受信したときの遅延量 Δ と減衰量を推定する方法について説明する．テンプレートマッチングとは，代表的な信号（テンプレート）を用意し，観測信号と類似性を調べることにより，信号の有無を検出する手法である．通信分野の他，音声や画像分野でも用いられている．図 9.13 に示すような，遅延を含む伝送路モデルを検討する．

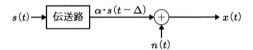

図 9.13　遅延を考慮した伝送路モデル

　送信信号のパワーは，

$$E[s(t)^2] = \int_{-\infty}^{+\infty} |s(t)|^2 dt = 1 \tag{9.52}$$

のように正規化する．図 9.13 より受信信号は

$$x(t) = \alpha \cdot s(t - \Delta) + n(t) \tag{9.53}$$

のように表される．受信側では，図 9.14 に示す相関器をテンプレートマッチングに用いる．

　受信器のインパルス応答を

$$h(t) = s(t - \tau) \tag{9.54}$$

とすると，相関器の出力信号は

$$y(\tau) = \int_{-\infty}^{+\infty} s(t-\tau)x(t)dt = \int_{-\infty}^{+\infty} s(t-\tau)\{\alpha \cdot s(t-\Delta) + n(t)\}dt$$
$$= \alpha \cdot R_{ss}(\tau - \Delta) + R_{sn}(\Delta) \tag{9.55}$$

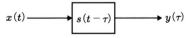

図 9.14　相関受信器

と表される. ただし,

$$R_{ss}(\tau) = \int_{-\infty}^{+\infty} s(t-\tau)s(t)dt \tag{9.56}$$

$$R_{sn}(\tau) = \int_{-\infty}^{+\infty} s(t-\tau)n(t)dt \tag{9.57}$$

である.

式 (9.55) の最大値は $\tau = \Delta$ のときであり,

$$y(\Delta) \approx \alpha \cdot R_{ss}(0) = \alpha \int_{-\infty}^{+\infty} s(t)^2 dt = \alpha \tag{9.58}$$

が最大値となる. すなわち, 伝送路には $\tau = \Delta$ の遅れがあり, また, 信号の大きさは式 (9.58) で求められることになる. これをテンプレートマッチングという.

図 9.15 に, テンプレートマッチングをマルチコンポーネント信号 $x(t)$ に適用した受信器を示す. マルチコンポーネント信号については, 次式のように各成分の正規化と直交条件を満たすものとする.

$$\int_{-\infty}^{+\infty} |s_i(t)|^2 dt = 1 \tag{9.59}$$

$$\int_{-\infty}^{+\infty} s_j(t-\tau)s_i(t)dt \approx 0 \tag{9.60}$$

各相関器の出力信号は,

$$y_i(\tau) = \int_{-\infty}^{+\infty} s_i(t-\tau)x(t)dt = \alpha_i \cdot R_{s_i s_i}(\tau - \Delta) + R_{s_i n}(\Delta) \tag{9.61}$$

と表されるので, 図 9.15 の各成分の大きさと遅延を推定することが可能となる.

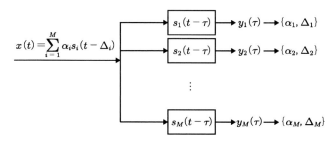

図 **9.15** マルチコンポーネント信号のテンプレートマッチング

9.3 統計的最小2乗法

本節では，確定信号に不規則信号が雑音として付加された場合の，統計量を用いた不規則信号処理について説明する．ウィナーフィルタによる雑音除去，および最尤推定法にもとづく係数パラメータの推定法を示す．

9.3.1 ウィナーフィルタ

本項では 7.1.2 項で述べた線形予測をもとに，図 9.16 に示す一般化された**ウィナーフィルタ**の定式化について説明する．ウィナーフィルタは，信号 $s(n), n = 0, 1, 2, \cdots, N-1, \cdots, M-1$ に雑音 $w(n)$ が付加された観測信号 $x(n)$ から，所望の信号 $d(n)$ との誤差 $e(n)$ を最小化するような信号 $\hat{x}(n)$ を得るフィルタである．

図 9.16 ウィナーフィルタの定式化

ここでは，とくに線形ウィナーフィルタによる雑音除去について説明する．図 9.16 において，N 次の線形フィルタ（FIR フィルタ）を仮定し，フィルタ係数 $h_i, i = 1, 2, \cdots, N(N < M)$ を用いた畳み込み和によるフィルタリング

$$\hat{x}(n) = h_1 x(n) + h_2 x(n-1) + \cdots h_N x(n-N+1)$$
$$= \mathbf{h}^T \mathbf{x}(n) \tag{9.62}$$
$$\mathbf{x} = \begin{bmatrix} x(n) & x(n-1) & \cdots & x(n-N+1) \end{bmatrix}^T \tag{9.63}$$
$$\mathbf{h} = \begin{bmatrix} h_1 & h_2 & \cdots & h_N \end{bmatrix}^T \tag{9.64}$$

を行うことを考える．

この操作によって，$\hat{x}(n)$ を $d(n)$ に近づけることを考える．所望信号（あるいは教師信号）$d(n)$ としては，目的に応じて以下を与えることができる．

- 現在値 $s(n)$ を与えた場合：**平滑化**
- 未来値 $s(n+m)$ を与えた場合：**外挿**（m ステップ予測）
- 過去値 $s(n-m)$ を与えた場合：**内挿**

未来値を予測する場合には，雑音（のパワー）はゼロでも構わない．いずれの場合に対しても，ある時刻 n での誤差信号 $e(n)$ の評価関数として，標本信号を用いて次式で

表される誤差の分散を最小化する（**最小平均 2 乗推定**）.

$$e(n) = d(n) - \hat{x}(n) \tag{9.65}$$

$$J(h_i) = E[e(n)^2] \tag{9.66}$$

7.1.2 項で述べた線形予測の場合と同様に，式 (9.66) を係数で偏微分しゼロとすると正規方程式（**ウィナー・ホッフ方程式**）が得られ，自己相関行列の逆行列を用いてフィルタ係数を解として求めることができる.

ここでは，観測信号ブロックの行列を用いて決定論的にウィナーフィルタを導出する. 式 (9.62) は，観測信号 $x(n), n = 0, 1, \cdots, N-1, N, \cdots$ を要素とする行列を用いて

$$\hat{\mathbf{x}}(n) = \mathbf{X}_N \mathbf{h} \tag{9.67}$$

$$\mathbf{X}_N = \begin{bmatrix} x(n) & x(n-1) & \cdots & x(n-N+2) & x(n-N+1) \\ x(n+1) & x(n) & x(n-1) & \cdots & x(n-N+2) \\ x(n+2) & x(n+1) & x(n) & \ddots & \vdots \\ \vdots & \vdots & \ddots & \ddots & x(n-1) \\ x(n+N-1) & \cdots & \cdots & x(n+1) & x(n) \end{bmatrix} \tag{9.68}$$

$$\hat{\mathbf{x}}(n) = \begin{bmatrix} \hat{x}(n) & \hat{x}(n-1) & \cdots & \hat{x}(n-N+1) \end{bmatrix}^T \tag{9.69}$$

と表される. ここで，誤差信号ベクトルを

$$\mathbf{e}(n) = \mathbf{d}(n) - \hat{\mathbf{x}}(n) \tag{9.70}$$

$$\mathbf{d}(n) = \begin{bmatrix} d(n) & d(n-1) & \cdots & d(n-N+1) \end{bmatrix}^T \tag{9.71}$$

とする. 式 (9.70) を用いて，評価関数を次式のように定める.

$$J(\mathbf{h}) = \mathbf{e}(n)^T \mathbf{e}(n) = \{\mathbf{d}(n) - \mathbf{X}_N \mathbf{h}\}^T \{\mathbf{d}(n) - \mathbf{X}_N \mathbf{h}\} \tag{9.72}$$

式 (9.72) を $\mathbf{h}$ で微分してゼロとすると，

$$\nabla_h J = -2\mathbf{X}_N^T (\mathbf{X}_N \mathbf{h} - \mathbf{d}) = 0 \tag{9.73}$$

となり，フィルタ係数解は

$$\mathbf{h}_o = (\mathbf{X}_N^T \mathbf{X}_N)^{-1} \mathbf{X}_N^T \mathbf{d} \tag{9.74}$$

として得られる. なお，係数を式 (9.72) に代入すると，

$$J(\mathbf{h}_o) = \mathbf{d}(n)^T \mathbf{e}(n) \tag{9.75}$$

と表される.

一方, 式 (9.67), (9.70) および式 (9.73) から

$$\mathbf{X}_N^T \mathbf{e}(n) = \mathbf{0} \tag{9.76}$$

$$\mathbf{X}_N^T = \begin{bmatrix} \mathbf{x}(n) & \mathbf{x}(n+1) & \cdots & \mathbf{x}(n+N-1) \end{bmatrix} \tag{9.77}$$

となる. 以上より, 線形ウィナーフィルタでは, 誤差ベクトル $\mathbf{e}(n)$ が N 個の入力信号 $\mathbf{x}(n)$ すべてと直交するようにフィルタ係数 $\mathbf{h}$ が決まることがわかる.

9.3.2 最尤推定

本項では, 最小平均 2 乗推定を一般化した**最尤推定法**について説明する. K 次元ディジタル信号に対する最小 2 乗法では, 所望信号 $\mathbf{f}$ が与えられたとき,

$$\mathbf{f}_N = \alpha_1 \boldsymbol{\varphi}_1 + \alpha_2 \boldsymbol{\varphi}_2 + \cdots + \alpha_N \boldsymbol{\varphi}_N = \boldsymbol{\varphi}\boldsymbol{\alpha} \tag{9.78}$$

を用いて近似することを考え, 誤差評価関数として決定論的な誤差関数

$$\|\mathbf{e}\|^2 = (\mathbf{f} - \mathbf{f}_N)^T (\mathbf{f} - \mathbf{f}_N) \tag{9.79}$$

を最小化することで $\mathbf{f}_N$ を得た. 式 (9.79) を最小とする未知の決定論的展開係数ベクトルは,

$$\boldsymbol{\alpha} = (\boldsymbol{\varphi}^T \boldsymbol{\varphi})^{-1} \boldsymbol{\varphi}^T \mathbf{f} \tag{9.80}$$

として求められた.

一方, 統計的な誤差評価をもとにする最小化では, 所望信号 $\mathbf{f}$ は雑音等の影響により不規則信号とし, 展開係数ベクトル $\boldsymbol{\alpha}$ と誤差 $\mathbf{e}$ は確率変数となる. この場合は, 誤差評価関数を

$$E[\mathbf{e}\mathbf{e}^T] = E[\|\mathbf{f} - \mathbf{f}_N\|^2] = E[(\mathbf{f} - \mathbf{f}_N)^T (\mathbf{f} - \mathbf{f}_N)] \tag{9.81}$$

のように最小平均 2 乗誤差として定める. 統計的な評価のもとで, 正規方程式は

$$E[\boldsymbol{\varphi}_i^T \boldsymbol{\varphi}]\boldsymbol{\alpha} = E[\boldsymbol{\varphi}_i^T \mathbf{f}], \quad i = 1, 2, \cdots, N \tag{9.82}$$

と表され, 行列でまとめて表すと,

$$E[\boldsymbol{\varphi}^T \boldsymbol{\varphi}]\boldsymbol{\alpha} = E[\boldsymbol{\varphi}^T \mathbf{f}] \tag{9.83}$$

となり, 式 (9.83) の逆行列より

$$\boldsymbol{\alpha} = E[\boldsymbol{\varphi}^T \boldsymbol{\varphi}]^{-1} E[\boldsymbol{\varphi}^T \mathbf{f}] \tag{9.84}$$

と表される最小平均 2 乗推定解が得られる[†].

なお，$\boldsymbol{\Phi} = \boldsymbol{\varphi}^T \boldsymbol{\varphi}$ が確率変数でない場合（$\boldsymbol{\varphi}$ が即知のとき）には，上式は

$$\boldsymbol{\alpha} = (\boldsymbol{\varphi}^T \boldsymbol{\varphi})^{-1} E[\boldsymbol{\varphi}^T \mathbf{f}] \tag{9.85}$$

と表される.

次に，誤差 $\mathbf{e}$ がガウス分布になると仮定した場合の，最尤法にもとづく方法を示す．この場合，確率密度関数はガウス分布となり，

$$p(\mathbf{e}) = \frac{1}{\sqrt{(2\pi)^n \det(\mathbf{R_{ee}})}} e^{-(\mathbf{e}^T \mathbf{R_{ee}}^{-1} \mathbf{e})/2} \tag{9.86}$$

である．ただし，

$$\mathbf{R_{ee}} = E[\mathbf{e}\mathbf{e}^T] \tag{9.87}$$

とする．このとき $\mathbf{f}$ を観測信号として，ガウス分布の尤度関数

$$L(\boldsymbol{\alpha}) = p(\mathbf{f}|\mathbf{f_N}) = \frac{1}{\sqrt{(2\pi)^n \det(\mathbf{R_{ee}})}} e^{-(\mathbf{e}^T \mathbf{R_{ee}}^{-1} \mathbf{e})/2} \tag{9.88}$$

を最大にする $\mathbf{f}_N$ の係数ベクトル $\boldsymbol{\alpha}$ を求める．これは，式 (9.88) の指数部に含まれる

$$\|\mathbf{f} - \mathbf{f}_N\|^2 = (\mathbf{f} - \mathbf{f}_N)^T \mathbf{R_{ee}}^{-1} (\mathbf{f} - \mathbf{f}_N) \tag{9.89}$$

と表されるマハラノビス距離の最小化問題となる．式 (9.89) は，式 (9.79) の決定論的な誤差関数に，誤差分散を考慮に入れたことに由来する係数が加わった形の評価式となる.

なお，誤差が白色雑音の場合には，

$$\mathbf{R_{ee}}^{-1} = \frac{1}{\sigma^2} \mathbf{I} \tag{9.90}$$

と表され，式 (9.89) は式 (9.79) で白色雑音の分散を考慮して評価する決定論的最小 2 乗法と等価になる.

式 (9.89) の評価式をより一般的に拡張すると，誤差関数は

$$\|\mathbf{f} - \mathbf{f}_N\|^2 = (\mathbf{f} - \boldsymbol{\varphi}\boldsymbol{\alpha})^T \mathbf{Q} (\mathbf{f} - \boldsymbol{\varphi}\boldsymbol{\alpha}) \tag{9.91}$$

のように重み関数行列 $\mathbf{Q}$ を用いた誤差関数の最小 2 乗法になる.

式 (9.91) の最小 2 乗解は，

[†] 不規則信号に対する最小 2 乗推定においても 4.4.2 項で述べた擬似逆行列の議論が成り立つ.

$$\boldsymbol{\alpha} = (\boldsymbol{\varphi}^T \mathbf{Q} \boldsymbol{\varphi})^{-1} \boldsymbol{\varphi}^T \mathbf{Q} \mathbf{f} \tag{9.92}$$

と表される.

重み関数として忘却係数 q を用いた対角行列

$$\mathbf{Q} = \mathrm{diag}(q^{-(K-1)}, q^{(K-2)}, \cdots, q^{-1}, 0), \quad 0 < q \leq 1 \tag{9.93}$$

が知られている.

なお,式 (9.89) のマハラノビス距離を最小にする解は,

$$\mathbf{Q} = \mathbf{R}_{\mathrm{ee}}^{-1} \tag{9.94}$$

なので,

$$\boldsymbol{\alpha} = (\boldsymbol{\varphi}^T \mathbf{R}_{\mathrm{ee}}^{-1} \boldsymbol{\varphi})^{-1} \boldsymbol{\varphi}^T \mathbf{R}_{\mathrm{ee}} \mathbf{f} \tag{9.95}$$

で求められる係数ベクトルが,最尤推定の解となる.その他にも標本信号を用いて GMM で確率密度関数を近似し,尤度関数が最大となるように $\boldsymbol{\alpha}$ やガウス分布のパラメータを反復的に求める方法が知られている(EM アルゴリズム[†]).最尤推定法は,通信の受信符号,音声の特徴,音源の位置などに関するパラメータを観測信号から推定するためなどに用いられている.

---

† Expection Maximization : EM

参考文献

■ 書 籍

[1] L.E. Franks: *Signal theory*, Prentice-Hall, Englewood, N.J. 1969. (猪瀬博, 加藤誠巳, 安田浩訳：信号理論, 産業図書, 1974 年)

[2] A.W. Naylor and G.R. Sell: *Linear operator theory in engineering and science*, Springer-Verlag, 1982.

[3] D.G. Luenberger: *Optimization by vector space methods*, John Willey & Sons, Inc., 1969. (増淵正美, 嘉納秀明訳：関数解析による最適理論, コロナ社, 1973 年)

[4] A.V. Oppenheim, A.S. Willsky and S.H. Nawab: *Signals & systems*, Prentice-Hall International INC., 1997.

[5] R.A. Roberts and C.T. Mullis: *Digital signal processing*, Addison Wesley, 1987.

[6] A.N. Akansu and R.A. Haddad: *Multiresolution signal decomposition - Transforms. Subbands. Wavelets.* Academic Press, Inc., 1992.

[7] R.E. Crochiere and L.R. Rabiner: *Multi-rate digital signal processing*, Prentice-Hall, Inc., Englewood Cliffs, NJ, 1983.

[8] D.F. Mix: *Random signal processing*, Prentice-Hall Inc., 1995.

[9] C.W. Therrien: *Discrete random signals and statistical signal processing*, Prentice-Hall International, Inc. 1992.

[10] L.L. Scharf: *Statistical signal processing detection, estimation, and time series analysis*, Addison Wesley, 1991.

[11] Y.W. Lee: *Statistical theory of communication*, John Wiley & sons INC., 1960. (宮川洋, 今井秀樹訳：不規則信号論, 東京大学出版会, 1974 年)

[12] R.J. Mammone (Edit): *Computational method of signal recovery and recognition*, John Wiley & Sons, Inc., 1992.

[13] S. Haykin: *Introduction to adaptive filters*, Macmillan, Pub., 1984. (武部幹訳：適応フィルタ入門, 現代工学社, 1987 年)

[14] A. Papoulis: *The Fourier Integral and its Applications*, McGraw-Hill, 1962.

[15] A. Papoulis: *Probability, Random Variables, and Stochastic Processes*, McGraw-Hill, 1991.

[16] A. Papoulis: *Signal Analysis*, McGraw-Hill, 1985.

[17] L. Cohen: *Time-frequency analysis*, Prentice-Hall Inc., Englewood Cliffs, NJ, 1995. (吉川昭, 佐藤俊輔訳：時間－周波数解析, 朝倉書店, 1998 年)

[18] 小川英光：工学系の関数解析, 森北出版, 2010 年.

[19] 横手一郎：理系の線形代数, 森北出版, 1992 年.

[20] 志賀浩二：固有値問題 30 講, 朝倉書店, 1991 年.

[21] 柳井晴夫, 竹内啓：射影行列・一般逆行列・特異値分解, 東京大学出版会, 1983 年.

[22] 中川徹, 小柳義夫：最小二乗法による実験データ解析, 東京大学出版, 1982 年.

[23] 伏見康治, 赤井逸：直交関数系, 共立出版, 1987 年.

[24] 金谷健一：これなら分かる応用数学教室—最小二乗法からウェーブレットまで—, 共立出版, 2003 年.

[25] 中溝高好：信号解析とシステム同定, コロナ社, 1988 年.

[26] 浅野太：音のアレイ信号処理—音源の定位・追跡と分離—, コロナ社, 2011 年.

[27] 金井浩：音・振動のスペクトル解析, コロナ社, 1999 年.

[28] 辻井重男監修：ディジタル信号処理の基礎, 電子情報通信学会編, コロナ社, 1988 年.

[29] 森下巌, 小畑秀文：信号処理, 計測自動制御学会, 1982 年.

[30] 谷萩隆嗣：ディジタル信号処理の理論 1〜3, コロナ社, 1985 年.

[31] 和田成夫：よくわかる信号処理—フーリエ解析からウェーブレット変換まで—, 森北出版, 2009 年.

[32] 平岡和幸, 堀玄：プログラミングのための確率統計, オーム社, 2009 年.

[33] 甘利俊一, 村田昇：独立成分分析, サイエンス社, 2002 年.

■ 論文等

[34] J. Kovacevic and A. Chebira: "Life Beyond Bases: The Advent of Frames (Part I)", *IEEE Signal Processing Magazine*, pp.86-104, July 2007.

[35] J. Kovacevic and A. Chebira: "Life Beyond Bases: The Advent of Frames (Part II)", *IEEE Signal Processing Magazine*, pp.115-125, September 2007.

[36] J.B. Allen and L.R. Rabiner: "A Unified Approach to Short-Time Fourier Analysis and Synthesis", *Proc. of the IEEE*, Vol.65, No.11, pp.1558-1564, 1977.

[37] M.R. Portnoff: "Time-Frequency Representation of Digital Signals and Systems Based on Short-Time Fourier Analysis", *IEEE Trans. Acoustics, Speech and Signal Processing*, Vol. ASSP-28, No.1, pp.55-69, 1980.

[38] T.A.C.M. Claasen and W.F.G. Mecklenbrauker: "The Wigner Distribution – A Tool for Time-Frequency Signal Analysis Part I: Continuous-Time Signals", *Philips J. Res.* 35, pp.217-250, 1980.

[39] T.A.C.M. Claasen and W.F.G. Mecklenbrauker: "The Wigner Distribution –A Tool for Time-Frequency Signal Analysis Part II: Discrete-Time Signals", *Philips J. Res.* 35, pp.276-300, 1980.

[40] T.A.C.M. Claasen and W.F.G. Mecklenbrauker: "The Wigner Distribution –A Tool for Time-Frequency Signal Analysis Part III: Relations with Other Time-Frequency Signal Transformations", *Philips J. Res.* 35, pp.372-389, 1980.

[41] O. Rioul and P. Flandrin: "Time-Scale Energy Distributions: A General Class Extending Wavelet Transforms", *IEEE Trans. on Signal Processing*, Vol. 40, No. 7, pp.1746-1757, 1992.

[42] B. Boashash: "Estimating and Interpreting the Instantaneous Frequency of a Signal – Part 1: Fundamentals", *Proc. of the IEEE*, Vol.80, No.4, pp.520-538, 1992.

[43] B. Boashash: "Estimating and Interpreting the Instantaneous Frequency of a

Signal – Part 2: Algorithm and Applications", *Proc. of the IEEE*, Vol.80, No.4, pp.540-568, 1992.

[44] F. Hlawatsch and G.F. Boudreaux-Bartels: "Linear and Quadratic Time-Frequency Signal Representations", *IEEE Signal Processing Magazine*, pp.21-67, 1992.

[45] S. Wada: "Effective Calculation of Dual Frame for The Short-Time Fourier Expansion", *IEICE Trans. Fundamentals*, Vol.E85-A, No.5, 1111-1118, 2002.

[46] W.A. Gardner: "Introduction to Einstein's Contribution to Time-series Analysis", IEEE ASSP Magazine, Vol.4, pp.4-5, 1987.

索 引

著 者 略 歴
和田 成夫（わだ・しげお）
　1984 年　慶應義塾大学工学部電気工学科卒業
　1992 年　慶應義塾大学大学院理工学研究科博士課程修了
　　　　　博士（工学）
　2003 年　東京電機大学工学部電気電子工学科教授
　　　　　現在に至る

編集担当　丸山隆一（森北出版）
編集責任　富井　晃（森北出版）
組　　版　中央印刷
印　　刷　同
製　　本　ブックアート

不規則信号処理　　　　　　　　　　　　　　　　© 和田成夫 2015
2015 年 5 月 29 日　第 1 版第 1 刷発行　　　【本書の無断転載を禁ず】

著　　者　和田成夫
発 行 者　森北博巳
発 行 所　森北出版株式会社
　　　　　東京都千代田区富士見 1-4-11　（〒102-0071）
　　　　　電話 03-3265-8341／FAX 03-3264-8709
　　　　　http://www.morikita.co.jp/
　　　　　日本書籍出版協会・自然科学書協会　会員
　　　　　JCOPY ＜（社）出版者著作権管理機構　委託出版物＞

落丁・乱丁本はお取替えいたします.
Printed in Japan／ISBN978-4-627-73651-1

不規則信号処理 ［POD 版］

2023 年 5 月 20 日発行

著者　　　和田成夫

印刷　　　大村紙業株式会社
製本　　　大村紙業株式会社

発行者　　森北博巳
発行所　　森北出版株式会社
　　　　　〒102-0071　東京都千代田区富士見 1-4-11
　　　　　03-3265-8342（営業・宣伝マネジメント部）
　　　　　https://www.morikita.co.jp/